鹿児島大学島嶼研ブックレット
7
TOUSHOKEN BOOKLET

鹿児島の地形を読む ―島々の海岸段丘

森脇 広 著
MORIWAKI Hiroshi

●目次●

鹿児島の地形を読む—島々の海岸段丘—

Landscape of Kagoshima—Coastal Terraces of the Islands—

Moriwaki Hiroshi

I　はじめに

鹿児島には、周囲を急崖によって区切られた平坦な卓状の地形（台地）や階段状の地形（段丘）が広くみられ、鹿児島を代表する風景を形作っています。それらの台地・段丘地形は、由来からみると大きく二種類あることがわかります。

ひとつはシラス台地として知られる火砕流台地です。これはカルデラ火山の噴火によってできたものです。火砕流台地は、南九州の面積の五〇％を占めており、日本全体での台地の割合が一二％であることからみても大変広いことがわかります。

もうひとつは薩南諸島にみられる海岸段丘です（写真1A）。南の方に行きますとサンゴ礁段丘（隆起サンゴ礁）（写真1B）となっています。薩南諸島をつくる鹿児島の島々は、トカラ列島などの火山島以外では、こうした海岸段丘によって占められています。喜界島、沖永良部島、与論島はほぼ一〇〇％がサンゴ礁段丘地帯からなりますし、種子島も海岸段丘地帯はおよそ四五％ですが、他の地形も平坦地形に近い丘陵からなっています。丘陵は、平坦面は侵食されてなくなっているが、山地ほど起伏が大きくない地形です。種子島のように峰の高さが一定の高さをもっていることもよくあり、丘陵地帯全体を遠くからみると台地のように見えます。徳之島もおよそ六五％が海岸段丘です。屋久島は高くて奥深い山岳があることで知られていますが、段丘が海岸を連続的に取り囲んでおり、一五％もあります。奄美大島は山岳地帯が広く、特異ですが、三％ほどの段丘地帯が北部の平坦地をなしています。

　このように、鹿児島の風景は台地・段丘で特徴づけられる地域なのです。こうした台地・段丘は平坦で、しかも広く分布しているために、地域の人々の生活を支えるための重要な基盤を形作ってきました。シラス台地は農業など生産の基盤を提供してきましたし、薩南諸島の島々では海岸段丘の環境がなければ多数の人々は生活できなかったでしょう。ここでは、そのような台地・段丘のうち、薩南諸島を特徴づける海岸段丘について取り上げます。各島でみられる海岸段丘の地形にはどのようなものがあるか、それらはどのようにしてできたのか、そのような地形やでき方に各地で共通性や地域性はあるかなどについて、島外のものとも比較しながら述べてみます。現在みられる地形は歴史的に作られてきて、これからも作られていくものですから、こうした地形を理解するのには、歴史的な変化過程をみる必要があります。ここでは、そのような見方から海岸段丘を読むことにします。

　各地の海岸段丘を述べる前に、海岸段丘はどのようにできるかという点を少し詳しく解説しま

写真１　薩南諸島の海岸段丘地形
A：砂礫・岩石からなる海岸段丘：種子島
B：サンゴ礁からなる海岸段丘：徳之島

した。少し難しいと感じられる人もあるかもしれませんが、これを理解することによって、海岸段丘の理解が格段に高まると思うからです。

II　海岸段丘とは

海岸段丘とは写真1にあるような、海岸付近にあって、平坦面と崖からなる地形です。海成段丘という呼び方もします。平坦面は、現在の岩石のある海岸でみられるような岩石が波の侵食によってできた平坦地（波食棚）や、河川などによって運ばれた土砂が海岸で堆積してできる三角州などの低地が、隆起などによって離水し（その侵食・堆積作用が及ばなくなること）、そして周囲が波や河川の作用によって侵食されて崖が作られることによってできたものです。こうしてできた平坦面を段丘面、崖を段丘崖と呼んでいます（図1）。侵食によってできた平坦地からなる段丘を侵食段丘、堆積によってできた段丘を堆積段丘と呼びます。サンゴ礁でできた段丘をサンゴ礁段丘とか隆起サンゴ礁と呼んでいます。したがって、段丘面は過去の海面や海岸を示していることになります。

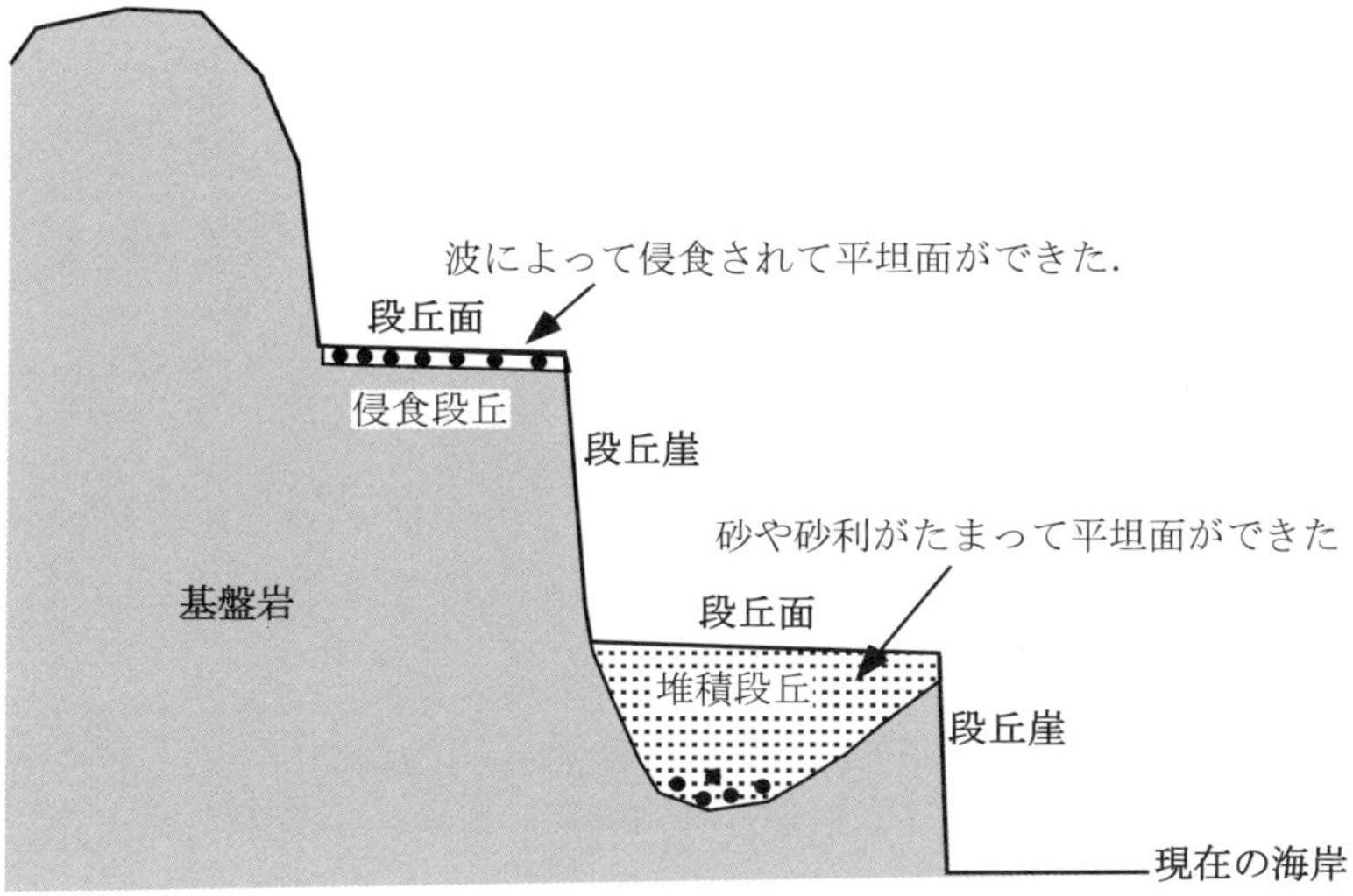

図１　海岸段丘地形の名称

実際の平坦面がいつできたかを知るのにはいろいろな方法がありますが、南九州の場合は大きく二つの方法が使われています。ひとつは放射年代です。奄美諸島の段丘はサンゴでできていますが、サンゴは放射年代を測ることができ、これによって段丘の年代が求められてきました。もうひとつは火山灰層です。南九州には多くの火山があり、そこから過去において多数の火山灰を噴出してきました。過去一〇万年間でもトカラから霧島までの火山が噴出した火山灰層は一〇〇枚以上近くに及びます。火山灰層は、火山活動を知るのに役立つことはよくわかりますが、過去の地形や地層の年代を知るのにも利用されています。火山灰は短時間に広い範囲に拡散するからです。過去の火山灰は堆積物の中や地表に残されており、それらはどこの火山から、いつ噴火し、どのように広がっているかが知られています。この地形面上に残された火山灰層がどの火山灰層かを知ることによって、段丘面がいつ作られたかがわかることになります。海岸段丘のような地形はもとより、堆積物、これから知られる古環境、さらに考古遺跡や土器の対比・編年、年代決定に大変役立っています。火山灰をこのように役立てる学問分野を火山灰編年学と呼んでいます。

Ⅲ　海面変化と気候変化、氷河変化

1　海面変化

現在、薩南諸島でみられる海岸段丘は、およそ四〇万〜三〇万年前以降の海面の大きな変化の歴史の中で作られてきましたので、その形成には海面変化が大きく関わっています。過去四〇万年の海面変化は、図2のようであったと考えられています。それは様々な規模で上下変動を繰り返していますが、次のような規則性があることがわかります。

およそ一〇万年をひとつの周期として、最大一〇〇〜一五〇メートルの振幅で汎世界的に変化しています。現在の海面は最も高いピークの時期のひとつです。過去の最も高いピークの高さはほぼ一定し、現在とほぼ同じ高さにあります。したがって過去の海面は、現在の海面よりほとんど下にありました。最も新しい周期は一三万年前〜現在であり、現在に最も近い最新のピークは一二・五万年前で、最大に海面が低下したのは約二万年前です。一二・五万年前以降から二万年前まで、海面は少し大きな上下変動を四回ほど繰り返して低下していきました。二万年前の最大海面低下期以降、海面は急速に上昇し、約七〇〇〇年前には現在の高さに達し、その後海面は現在の高さで安定しています。一三万年前以前も、こうした過去一三万年間の変化過程と大局的には似た変化をしてきました。例えば、一二・五万年前の海面のピーク時の直前の一五万〜一四万年前には二万年前とほぼ同規模の海面低下が生じましたし、この後の海面は一三万年前に向けて急速上昇していきました。

2 気候変化・氷河変化

海面変化は様々な原因で起こりますが、このような規模で汎世界的に同時に起こった海面変化の原因は、汎世界的に起きた気候変化に伴う氷河の変化です。したがって、この海面変化を他の要因と区別して、氷河性海面変化と呼んでいます。気候は氷河性海面変化と同じおよそ一〇万年のサイクルで、世界の年平均気温で最大幅およそ一〇度の気温差で寒暖の変化を生じてきました(図2)。寒い時期を氷期、暖かい時期を間氷期と呼んでいます。現在は最も温暖な時期であり、現在と同じくらいの暖かい時期は一三万〜一二万年前であることがわかります。特に一三万年前〜現在までの周期は、最新のものであるため、痕跡がよく残っており、詳しく研究されています。一三万〜八万年前の温暖な時期を最終間氷期、約八万年前から一・二万年前までを最終氷期、一・一万年前から現在を後氷期と呼んでいます。最終氷期の中でも約二万年前の最も寒い時期を最終氷期最盛期と呼んでいます。

近年ではこうした寒暖が連続的な曲線で求められている深海底の堆積物分析に因んで、寒暖の

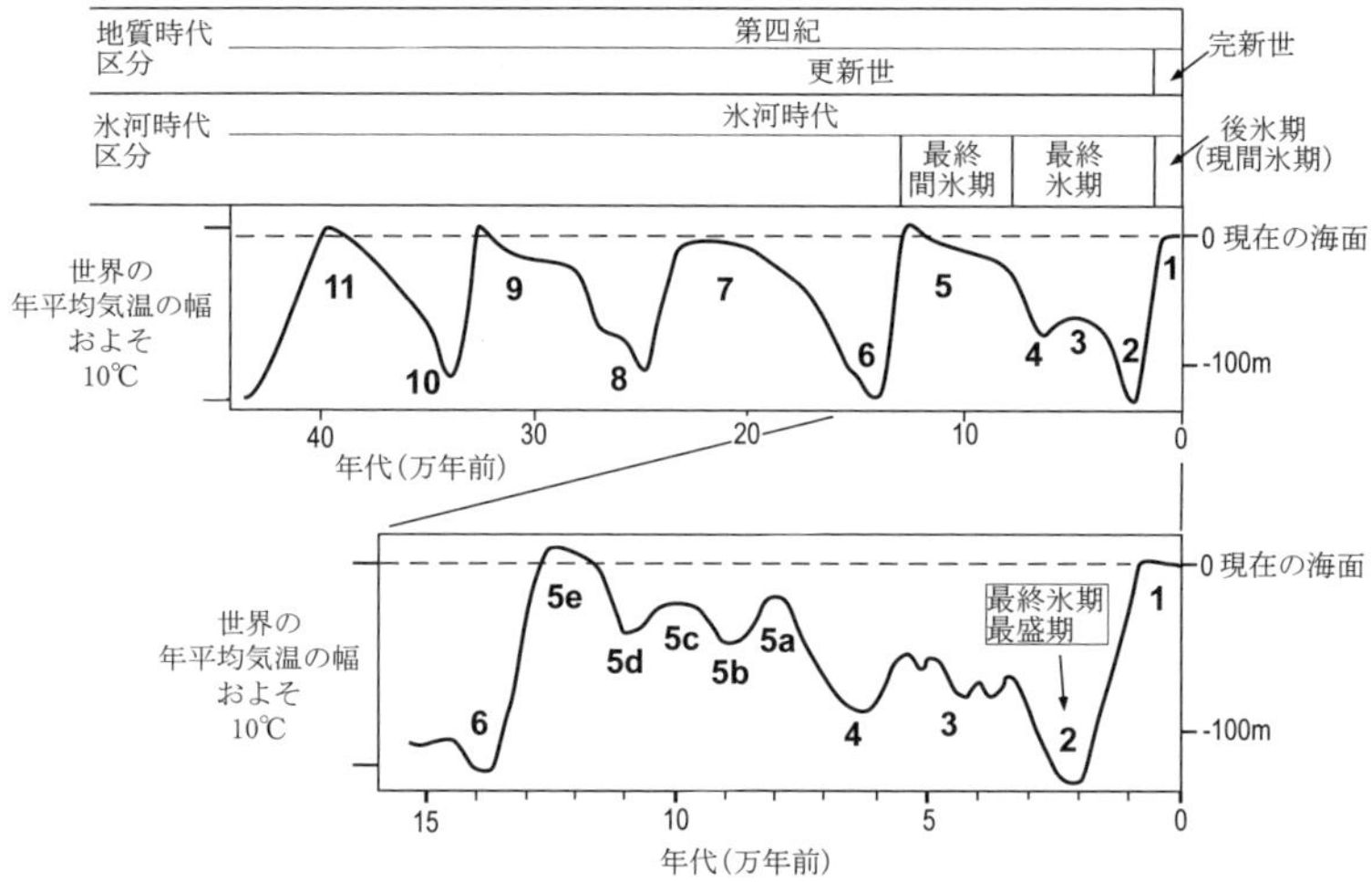

図 2　過去 40 万年間の気候変化と海面変化
図中の数字は寒暖の時期の番号（海洋酸素同位体ステージ番号）。偶数が相対的に寒い時期（氷期、亜氷期）、奇数が相対的に暖かい時期（間氷期、亜間氷期）。太田ほか (2010) を変更。

時期を簡単な番号（海洋酸素同位体ステージ番号）で呼ぶのが一般的です。暖かい時期を奇数番号、寒い時期を偶数番号で表し、現在の暖かい時期をステージ1、二万年前頃の最新の最も寒い時期をステージ2、最終氷期のなかにあるが少し暖かい（亜間氷期と呼ばれている）五〜三万年前ごろがステージ3、六万〜三・五万年前頃の寒い時期がステージ4、そして八万年前から一三万年前の暖かい時期をステージ5、さらにステージ5の間氷期は三回の暖かい時期と二回の少し寒い時期が含まれるため、亜間氷期が新しい方からステージ5a、5c、5eとし、この間の寒い時期（亜氷期）を5b、5dと呼び、様々な環境変化の基準として使われています（図2）。これより古い氷期、間氷期も同様の方法でステージ番号が割り当てられています。いずれの間氷期も現在とほぼ同じくらいの暖かさでした。氷期・間氷期は数十万年以上も続いていますが、このような氷期・間氷期の繰り返した時代を氷河時代と呼んでいます。現在も氷河時代の中にあります。こうした気候変化の画期を基に地質時代が定められ、氷河時代を第四紀（二六〇万年前から現在まで）、最も新しい後氷期（一・一万年前以降）を完新世、これ以前を更新世と呼んでいます（図2）。

このような気候変化に伴い氷河の変化が起きました。現在南極大陸とグリーンランドにみられるような広大な氷河を氷床と呼んでいますが、最終氷期最盛期の二万年前や、一四万年前など一番寒い時期には、北半球のスカンジナビア、シベリア北部、北アメリカ北半部などの高緯度地域

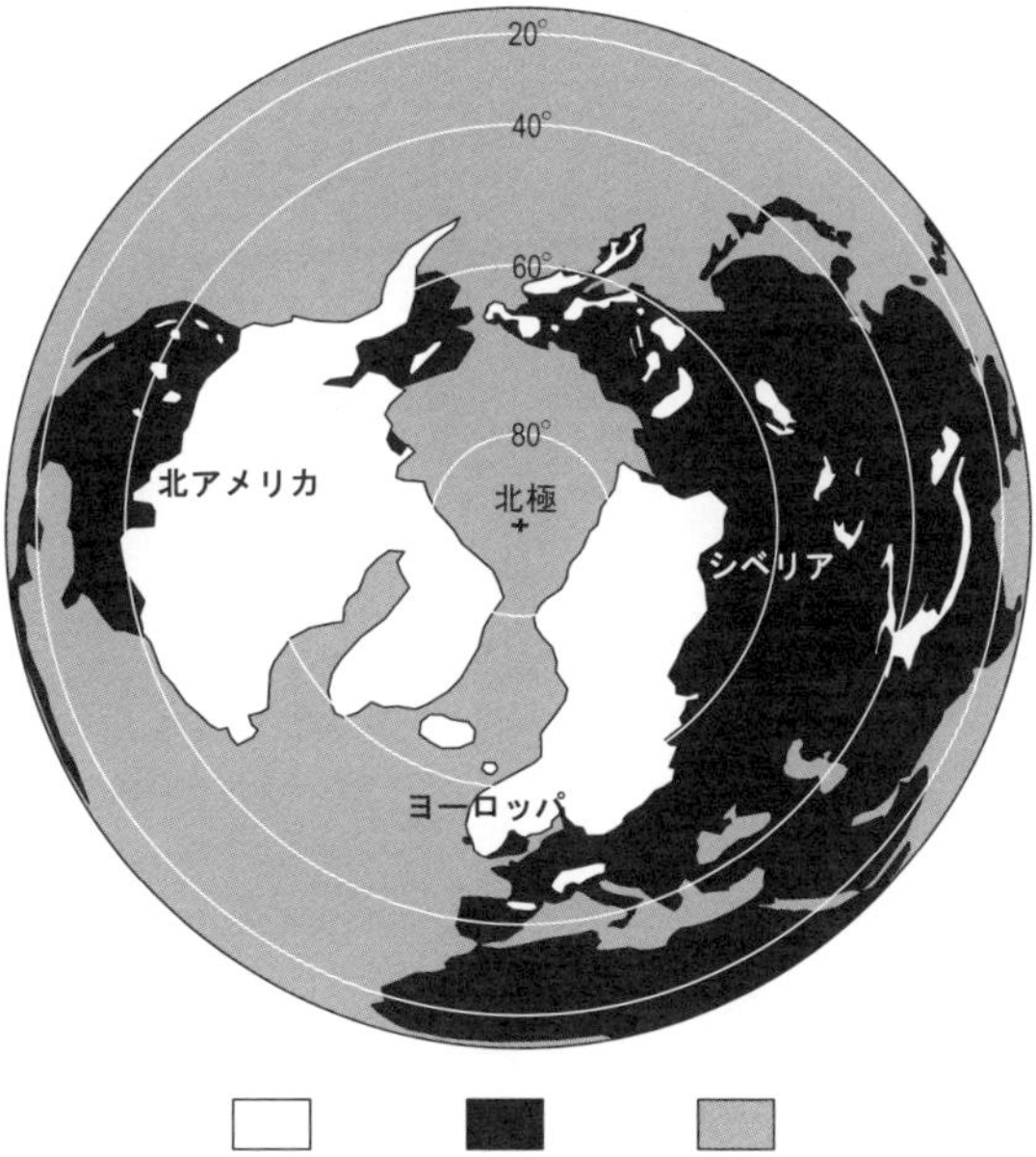

図 3　最終氷期最盛期（氷河最拡大期、2 万年前）の氷河・氷床の範囲
Hughes, P. D. ほか (2013) を簡略化

の大陸では厚さが最大四〇〇〇メートルにも及ぶ巨大な氷床が作られました（図3）。海水が蒸発し、それが雪となって陸上に蓄積し、これが氷となったためです。この結果、海面は一〇〇メートル以上も低下したのです。暖かくなるとこれが溶けました。現在は過去に広がっていた氷河が最大に溶け去った時期に当たります。現在氷床のある南極とグリーンランドは、氷期も間氷期も氷床の規模はあまり変わりませんでした。

Ⅳ　海面変化と海岸段丘面のでき方

海岸段丘面と海面変化との関わりを理解する上で大事なことは、平坦面を作っている波食棚や三角州は、ある一定の期間にわたって海面がその場所に安定していなければ作られないということです。海面が急速に上昇したり、下降したりしている時、つまり海面が一定のところに安定していないときは、波食棚や三角州を作るだけの期間が短く、平坦な地形は作られません。現在、海岸沿いには広い海岸低地や、洗濯板のような波食棚がみられますが、それらは、過去約七〇〇〇年間（ステージ1）、海面が現在の位置に長く安定しているからなのです。現在を含む七〇〇〇年間は図2にあるように、海面が上昇の頂面に達した時です。つまり、平坦面すなわち段丘面は、海面の変化過程の中では、海面が上昇から下降にいたるピークの時に作られることがわかっています。

そこで、過去に生じた実際の海面変化過程の中で、どこにそのようなピークの時期があるかといいますと、最も新しい周期である過去一三万年間では、約一二・五万年前（ステージ5e）、一〇万年前（ステージ5c）、八万年前（ステージ5a）、五万〜三万年前（ステージ3）、七〇〇〇年前〜現在（ステージ1）にあることがわかります。とりわけ、一二・五万年前の時の海面は現在とほぼ同じ高さであり、安定期間が長かったことから広い波食棚や海岸平野が作られました。しかも、直前にはステージ6からの大規模で急速な海面上昇があったので、これに伴って海が現在より内陸に進入して内湾が作られた結果、この内湾に厚い土砂がたまり、この時の海岸段丘は特徴的な平坦面を作っています。

氷河の消長に支配される氷河性海面変化は汎世界的に共通して変化していますので、海岸段丘面も世界各地で同じ時期に作られたものがあることになります。つまり、世界各地でみられる海岸段丘面は、過去一三万年間でいいますと、ステージ1、3、5a、5c、5eのどれかに対応すると予想されるのです。

各地で認められる新旧の区分された海岸段丘面は、その同時性や、連続性のある一続きの海岸段丘にその場所に応じた地名や記号、番号を付して、名前がつけられます。加えて、それぞれの時期に作られた平坦面の形成時期は世界共通していますので、各海岸段丘面の形成時期が特定されれば、共通理解を早めるため、それらの海岸段丘面を、共通した記号（海洋酸素同位体ステージ番号）でも呼んでいます。つまり、各段丘面に海面変化のピークのステージ1、3、5a、5c、5e、7、9のような番号をつけています。最新のサイクルより前の海面変化のサイクルでも、同じようなでき方で平坦面が作られてきたことがわかります。以下でも、このステージ番号で段丘面を呼ぶことにします。

海面変化と段丘面の関係をみる上で着目したいことは、過去数十万年にわたって間氷期の海面の最も高い時期のピークの高さには著しい違いはなく、現在の高さとほぼ同じくらいだということです。現在を含む過去約七〇〇〇年前のピークよりひとつ前のピークは一三万～一二万年前で、その後は現在よりも海面は下にありました。数十万年にも渡って現在より著しく高い海面の時期がなかったことは、その当時の海岸で波食棚や三角州の平坦面が作られて、その後、それが隆起しないと、現在より高い段丘面は作られないことを意味します。つまり、海岸段丘が認められるところは、そこが隆起していることを示し、さらに同じ時期の段丘面がより高い位置にあると、そこはより隆起が大きい、地殻変動が大きいことを示しています。

V　地殻変動—南西諸島はもっとも活発である—

以上みたように地殻変動による隆起がないと、海岸段丘はほとんどみられないことになります。薩南諸島に海岸段丘が広く分布するということは、この地域は地殻変動が活発で隆起しているということになります。したがって、海岸段丘は地殻変動が活発な地域にみられるということになります。地殻変動の原動力は、よく知られている地球内部のマントル移動によってもたらされるプレートテクトニクスです。プレートの動きによって地殻変動が生じ、これによっても地表面は凸凹が作られてきました。図４がそのプレートの分布状況です。ここ

図４　西太平洋周辺のプレートの分布
貝塚 (1998) に基づく

で大事なことは、世界はプレートとプレートが接する境界とそれ以外のプレート内部の地帯に大きく分けられることです。プレートとプレートが接する境界とその周辺地帯は地殻変動が活発なところで、変動帯と呼ばれています。

南西諸島はフィリピン海プレートがユーラシアプレートに潜り込むような「せばまる境界」からなる変動帯にあり、最も地殻変動や火山活動が活発な地帯となっています。ここでは「せばまる変動帯」に特徴的な地形が認められます。薩南諸島は全体として北北東から南南西に長い弧状をなしています。その島々の配列をみますと、大陸側からトカラ列島のある火山帯、そして太平洋側に種子島から与論島に至る非火山の島々が連なっています（図5）。この二つの地帯の境界を火山フロントとよび、これより西側にしか火山はありません。東側の非火山の島々は火山がないから不活発かというと、そうではありません、地殻変動という形で地形に現れています。さらにこの沖には、プレートの沈み込みである海溝（琉球海溝、南西諸島海溝と呼ばれる）が弧状の島々に平行して走っています。このように、薩南諸島は、海溝があり、これに平行して、海溝に近いところに、非火山性の島々、さらにこの大陸側には火山ある島々というように、共通した性質をもつ島々が列状に配列し、ここで述べる地形景観もそれぞれの地帯によって共通したものがみられるということになります。

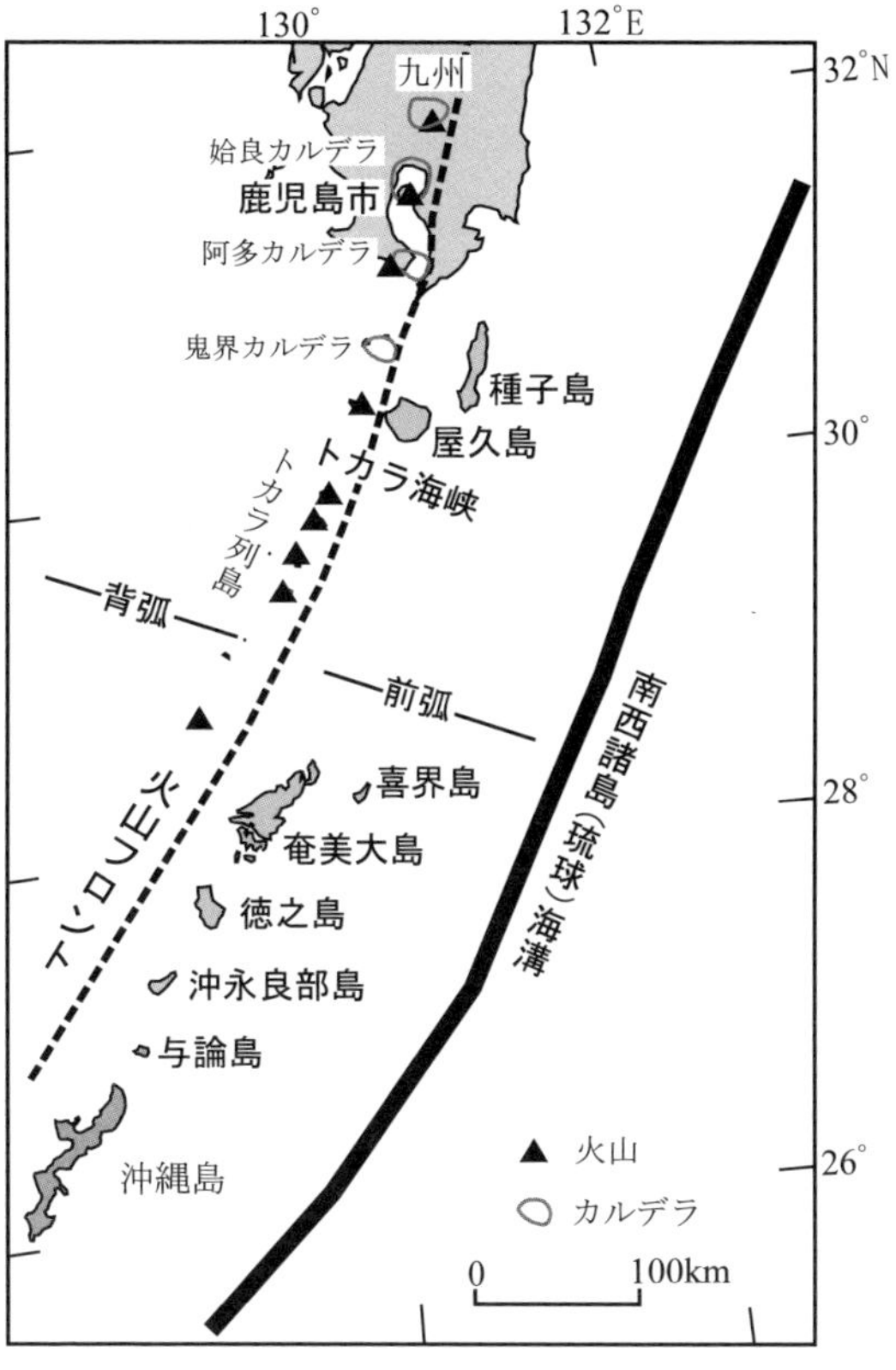

図５　南部九州と薩南諸島の大地形

Ⅵ　地殻変動・海面変化と海岸段丘のでき方との関係

隆起地域において、同じ場所では少なくとも過去三〇万年間は平均して同じ速さで隆起するということがわかっています。そうしますと、古い段丘ほど高い位置にあり、新旧二つの段丘面形成期の間隔が長いほど、つまり、段丘面を形成した海面の新旧のピークの間隔が長いほど、この新旧二つの段丘面の段丘崖の比高は大きくなることがわかります。過去二〇万年間をみますと（図2）、二〇万年前（ステージ7）と一二万五〇〇〇年前（ステージ5e）のピーク、五万～三万年前（ステージ3）のピークと現在（ステージ1）のピークの間が長いことがわかります。五万～三万年前のピークの海面は現在よりかなり低いので、よほど隆起速度が速くないと、この時作られた平坦面は現在の海面上には出てこないことになります。五万～三万年前の海岸が現海面上に出現するほど隆起が速いところはきわめて希です。したがってほとんどの海岸段丘分布地域でみられる海岸段丘面で最も新しいのは八万年前（ステージ5a）のものとなり、現在の低地や海岸の時期（ステージ1）との間の期間は、5a、5c、5e間のそれよりもかなり長くなります。このことは、ピーク間の期間の長い、ステージ7とステージ5との間、ステージ5とステージ1との間で、比高の大きい段丘崖が作られることを意味します。

海岸段丘面は、この二つの大きな崖を境として、高い段丘群（高位段丘群）、中間の段丘群（中位段丘群）、最も低い段丘群（低位段丘群）に分けることができます。それらは、約二〇万年前よりも古いもの、一三万～八万年前のもの、一万年前以降のものとなります。中位段丘群、高位段丘群は更新世という時代、低位段丘群は完新世という時代に作られたので、それぞれ更新世海岸段丘、完新世海岸段丘というように形成時代をつけた呼び方もよく使われます。

隆起が速いところほどある時期の段丘面は高いところにあり、同一時期に形成された段丘面の高さを地域比較することによって、地殻変動の仕方や規模の地域性をみることができます。また隆起が速いところほど、より低い海面ピーク時に形成された平坦面も陸上に現れることになりますので、多くの段数が認められ、隆起の量が小さいかまたは安定していると、海岸段丘はほとんど見られないことになります。ステージ1よりひとつ前の間氷期のステージ5eの時期の海面は、現在の海面と同じ高さかわずかに高い位置にあったので、この時期の海岸段丘面はわずかな隆起でも陸上に認められることになります。このことから5e段丘面は世界各地で広く認められており、各地での段丘面の形成時期を特定する上での基準となっています。

Ⅶ　各地の海岸段丘を読む

海岸段丘研究の中心となる課題のひとつは、上で述べたグローバルな気候変化・海面変化に、各地で認められる海岸段丘面がどのように対応するかということと、この知見から各地域でどのような環境変化や地殻変動がわかるかという点です。そこで、このことについて、各地でみられる海岸段丘は実際にどのようになっているか、考えてみましょう。ここでは、南西諸島の北半部を占める薩南諸島の島々を中心に、比較として、特異な構造をもつ鹿児島市の城山台地とその周辺、安定地域である南太平洋のクック諸島について紹介します。

1　大隅諸島―種子島と屋久島―

種子島―海岸段丘の野外博物館―

南西諸島の北端にある種子島は、最も高いところでも、標高二八〇メートルと低く、その中・南部の地形の大半が海岸段丘面と段丘崖によって作られています（写真2、図6）。北部の国上地区は定高性のある丘陵が占めますが、これも海岸段丘に由来するもので、長年にわたる侵食によって、平坦な段丘面がなくなったものです。丘陵は段丘より長い数十万年以上の年月が経っているため、平坦面が削り取られて、低い山のようになっていますが、その峰をつなげると平坦面が復元されるような、一定の似た高さをもっている地形です。したがって、種子島は数十万年にわたって、隆起の様子をよく残している地帯です。

海岸段丘面は九面以上あり、日本でも有数の海岸段丘分布地帯となっています。しかも年代を特定するのに好都合な火山灰層が覆っていることから、日本の海岸段丘編年の標式的な地域のひとつとなっています。それらの段丘面は、上記の形成の基本原則にしたがって比高の大きい二つの崖によって区切られ、高位、中位、低位の平坦面群に区分されています（図6）。それらは、ほとんどが波食棚を起源とする侵食段丘からなっています。低

写真２　種子島東岸の海岸段丘

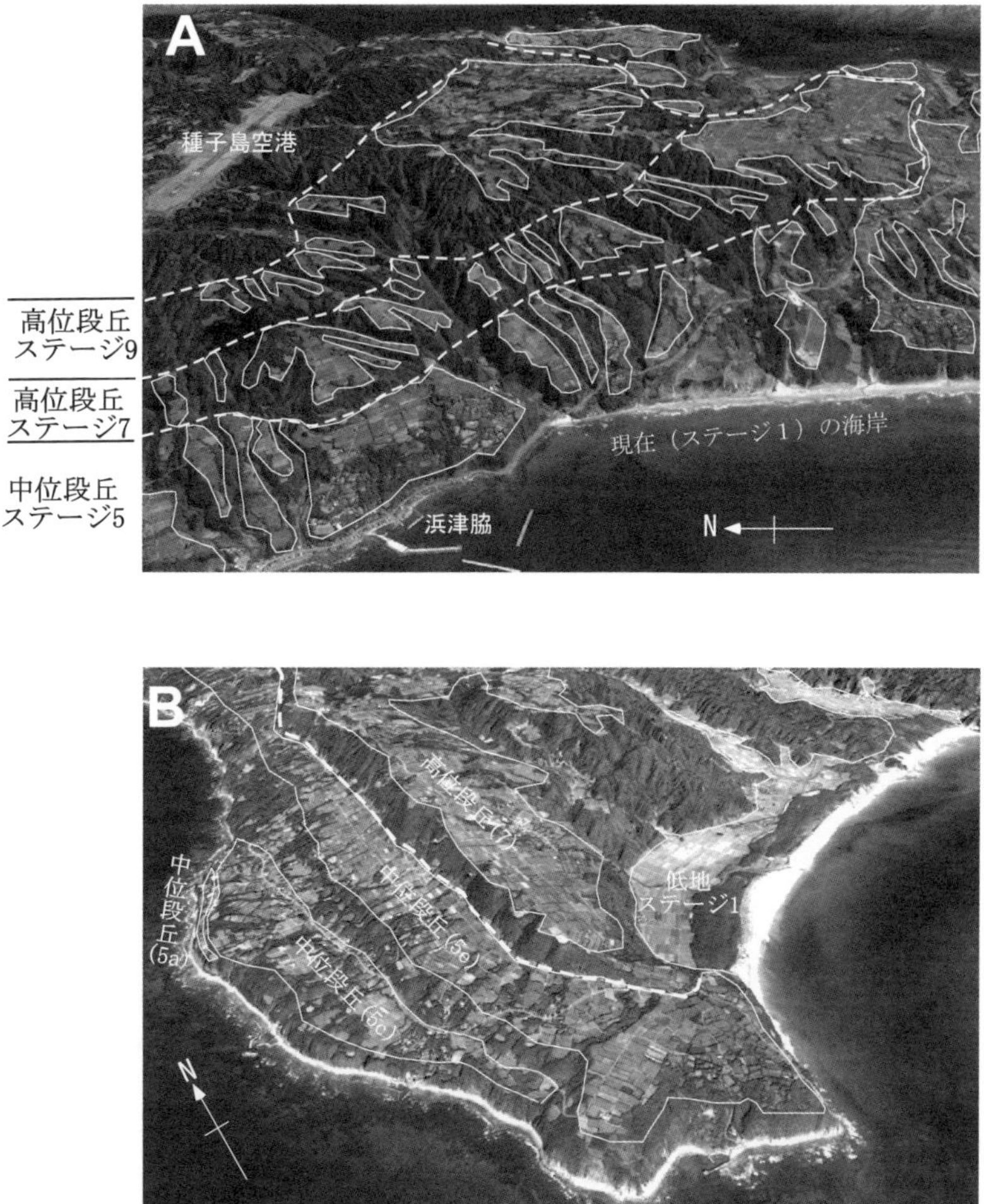

図6　種子島中部 (A) と南部 (B) の海岸段丘の区分と分布
写真は Google Earth による

位面（ステージ1）は海岸に面した低地や波食棚がこれにあたります。最も広いのは南端の低地です（図6B）。南種子の東岸にある広田遺跡のある海岸には、現在の海面よりわずかに高くなった波食棚の上に、約七三〇〇年前の鬼界アカホヤ火山灰（鬼界カルデラ起源）が認められ、このころに形成されたことがわかります（写真3）。

これより上には、高い崖を挟んで中位段丘があります（図6）。中位段丘の年代決定や広域の段丘面対比には、約一〇・五万年前に阿多カルデラから噴出した火砕流とこれに由来する降下火山灰（阿多火山灰）と、約九・五万年前に鬼界カルデラから噴出した火山灰（鬼界《きかい》葛原《とずらはら》火山灰）がたいへん役に立っています。これらの降下火山灰は日本列島の広域に認められるからです（図7）。これらの火山灰がどの段丘を覆っているか、いないかをみることによって、段丘面の年代が推定され、また全国の海岸段丘の同時性、新旧が明らか

写真3　離水ベンチ（左図）とこれを覆う堆積物（右図）
右図は左図の四角の範囲（森脇 2006）

にされています。これらにより、ステージ5eの段丘面は比高の大きい崖下に連続的に広がっていることが確かめられました（図6）。

　比高の大きい崖を介して、上位には高位段丘面群が広がっています。古いために年代の資料が少なく、いつできたかの確証はまだ十分得られていませんが、上に述べた海面変化との関係からおよその見当はつけられています。種子島中部の丘陵上に作られた種子島空港の西側から南側にかけての地域では、多くの段丘面が階段状にそろっています。最も高い、すなわち最も古い段丘面は約三〇万年前のステージ9にあたると考えられています（図6）。ステージ7の段丘面は種子島の中南部において、ステージ5e面とともに最も広く分布しています。写真4はステージ7の段丘を構成

写真4　種子島の海岸段丘を作る堆積物

①鬼界葛原火山灰（K-Tz、9.5 万年前）、②阿多火山灰（Ata、10.5 万年前）

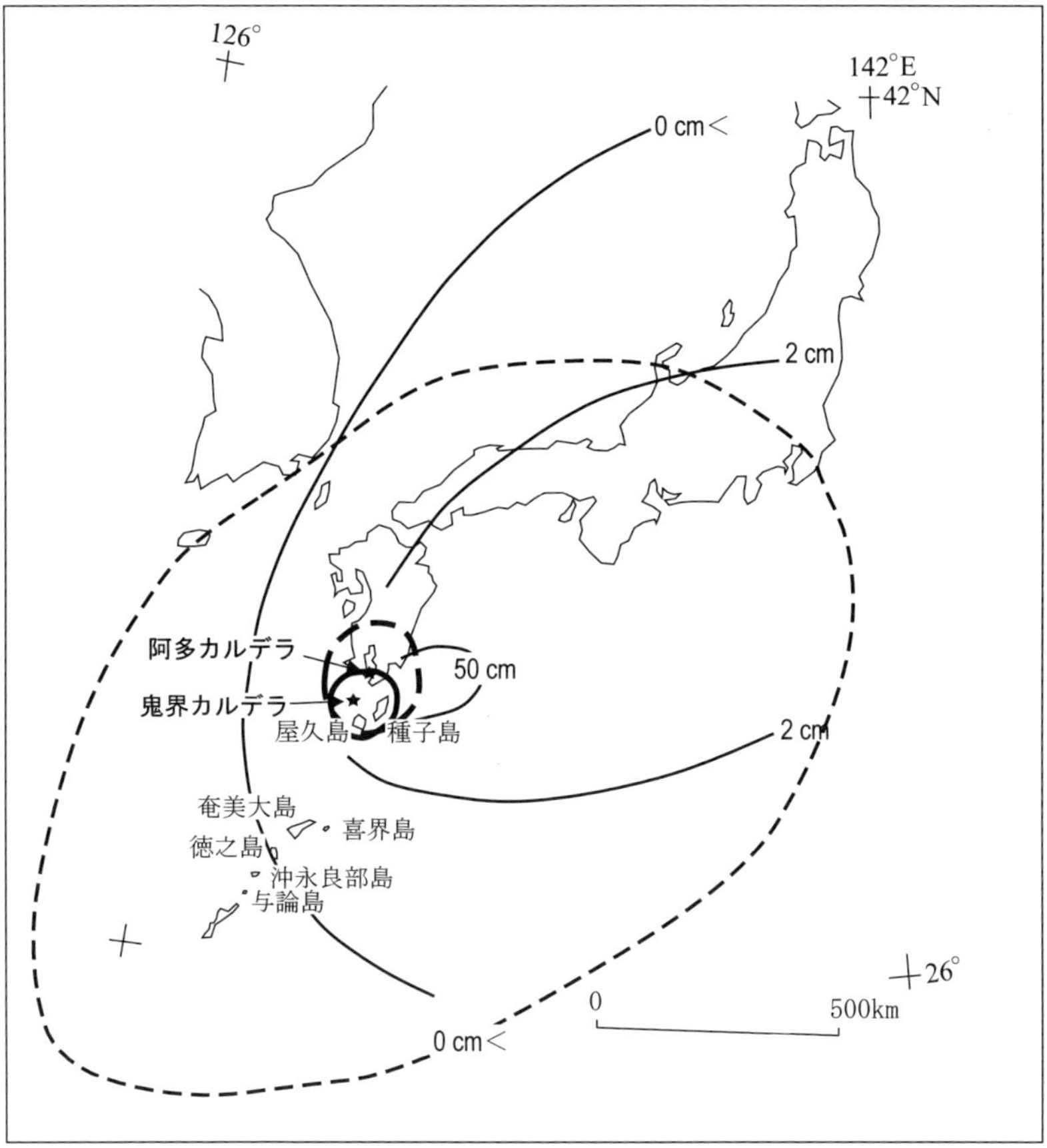

図７　阿多火山灰（破線）と鬼界葛原火山灰（実線）の分布と厚さ

太線は火砕流の範囲

町田・新井（2003）に基づく

する段丘堆積物ですが、下の固い岩盤を波が削った平坦な波食棚の上に浜でたまった薄い海浜の砂利が覆っていることがわかります。この上に、土壌層を挟んで阿多火山灰や鬼界葛原火山灰が挟まれており、ステージ7の時期の形成であることとよく合っています。

種子島においても、海岸段丘面の高度は、同じ面でも一定ではありません。広く追跡されるステージ5eの面の高度は、南種子の南部で最も高く、およそ高度一三〇メートルあります。ここから北に高度は下がり、中部の浜津脇付近で八〇メートル、西之表付近で五〇メートルとなっていき、全体として北に低くなるように傾動して隆起してきたことがわかります。

変動の歴史をみるのには、各面の高度が最も高く、ステージ7以降の明瞭な段丘面と段丘崖をもつ南部が最もわかりやすい場所です（図6Ｂ）。基準となるステージ5e面の高さと年代から、およそ年平均一ミリメートルの速さで隆起してきたことがわかります。

屋久島―高い山岳を取り囲む海岸段丘―

屋久島は、花崗岩からなる山岳を主体とした円形の島です。ここには九州最高峰の宮之浦岳、世界自然遺産となっている特徴的な植生帯がみられるなど、山岳地帯が注目されていますが、この山岳地帯の周囲を連続的に取り巻く海岸段丘も屋久島の地形を理解するのに大事な地形です

図 8　屋久島の海岸段丘分布
白線で囲んだ範囲。写真は Google Earth による。

写真 5　屋久島南岸の海岸段丘

（図8、写真5）。ここには、過去数十万年間の海岸変化の痕跡が残されており、集落や耕作地の多くがこの海岸段丘面の上にあり、屋久島の人々の生活の基盤を与えてくれているからです。種子島とは、高い山岳があるという点では大きく違いますが、同じ形成過程をもった段丘があり、それが人々の生活の主要な場となっていることでは共通性があります。

この島の海岸段丘も高位、中位、低位の段丘面がみられます。高低の各段丘面がそろい、段丘が広いのは東の安房から北の小瀬田にかけての地帯です。その大部分はもとの波食棚からなる侵食段丘で、海岸沿いの段丘崖には固い岩石が露出しているところが至るところでみられますが、これが削られて平坦面が作られていることがわかります。しかし段丘面は種子島に比べて必ずしも平坦ではなく、山側から海側に向かって傾斜し、しかも段丘崖が不明瞭なところが多くあります。それは、背後に風化を受けやすい花崗岩からなる高い山地があり、ここから土石流などによって運ばれた岩塊や砂利が段丘面や段丘崖を覆っているからです。これが屋久島の海岸段丘地帯のひとつの特徴となっています。こうした環境にあって、安房地区は高位、中位、低位の段丘面の比較的段化がはっきりとわかる場所です（図9）。高位段丘には集落はないのですが、現在屋久杉自然館や環境文化研修センターなどの施設がこの段丘の上に載っています。中位段丘は広く、多くの集落が立地しています。ここの段丘面は、薄い砂利層の下に、二〇メートル以上の

図 9　屋久島東岸、安房周辺の海岸段丘
白線で囲んだ範囲。写真は Google Earth による。

写真 6　屋久島、安房地区の海岸段丘面と堆積物

厚い砂層があるのが特徴です（写真6）。最初にみた段丘形成の原則から推測すると、ステージ5eの海岸段丘構成物と考えられますが、この砂層の中に挟まっている火山灰の分析から、ずっと古い八〇万年前の海浜の堆積物であることがわかりました。したがって、この段丘面の構成物は厚さ一～二メートルほどの薄い海浜礫層ということになり、侵食段丘であることがわかりました（写真6）。基準となるステージ5e面は屋久島では安房付近が最も高く、その高度は約一〇〇メートルに達します（図9）。この屋久島東部を最高値として北部の宮之浦では五〇～六〇メートル、南部の栗生では五〇メートルほどになります。このように、島の間はもとより、同じ島内でも隆起の速さが異なることが理解されます。

この島は鬼界カルデラに近く、ここから噴火した火砕流や火山灰が厚く堆積しており、種子島と同様に鬼界葛原火山灰は、段丘の新旧を見分ける上での基準となっています。阿多火山灰も薄いながら認められ、これによって段丘面の年代が推定され、また同様の火山灰の分布する種子島の段丘面と対比されています。

興味深いのは、ステージ1の完新世段丘面とその堆積物です。宮之浦集落の宮之浦川河口周辺には、高いステージ5の更新世段丘面の下位に標高一〇メートルほどの完新世段丘面が広がっています（図10）。この段丘面を作る堆積物は厚さ一〇メートル以上に及び、火山灰と軽石からなっ

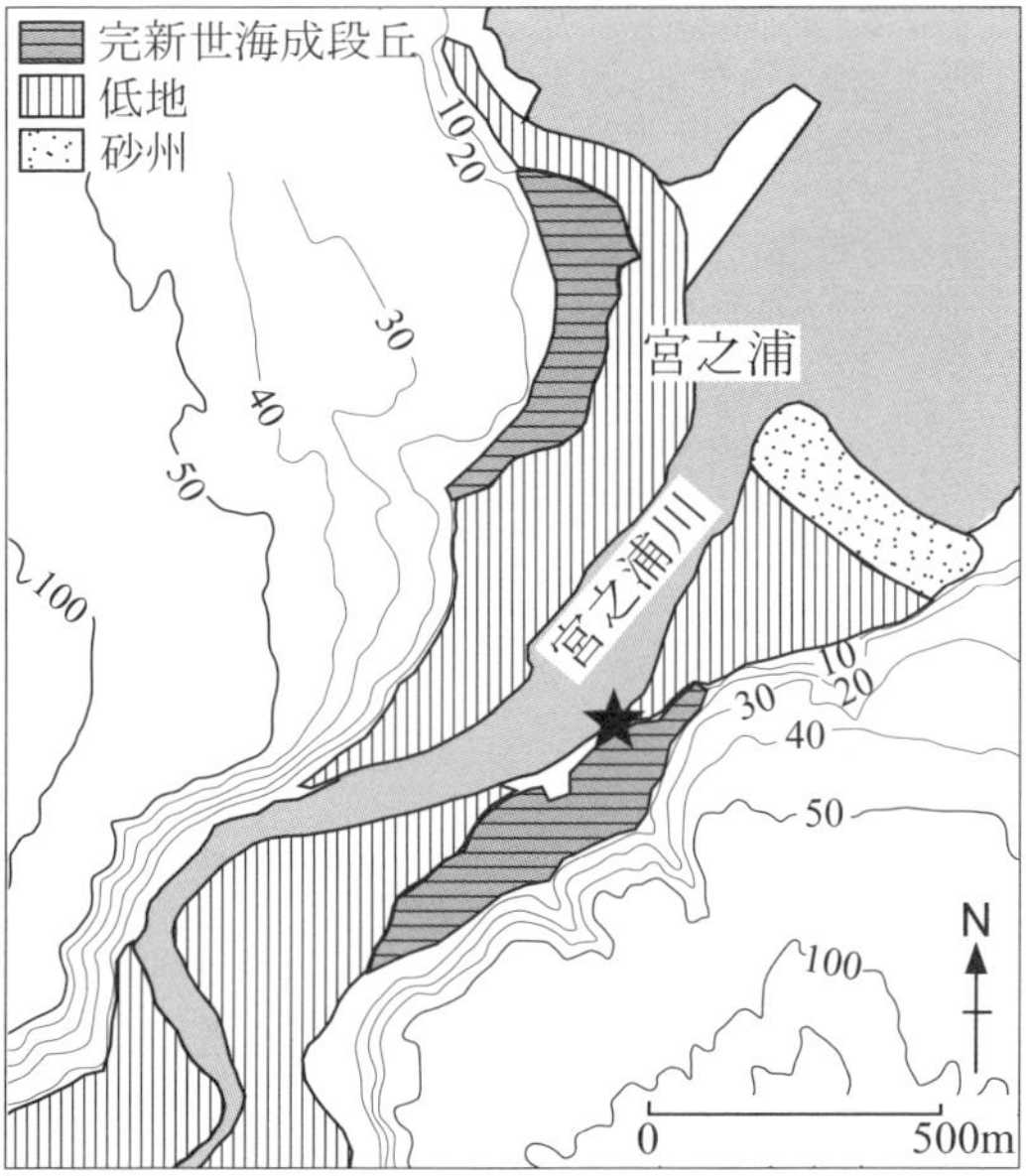

図 10　屋久島、宮之浦川河口周辺の地形分類図
星印は写真 7 の位置（森脇 2006）

写真 7　屋久島、宮之浦川河口右岸の完新世海成段丘（左図）と
その堆積物（右図）右図は左図の黒四角の範囲

ています（写真7）。鉱物などを調べますと、それは鬼界カルデラから七三〇〇年前に噴火した鬼界アカホヤ火山灰（火砕流）に由来するものであることがわかりました。つまり、屋久島に襲来した火砕流が、宮之浦川の流域斜面に厚くたまり、これが河川によって運ばれて河口に堆積し、三角州を作ったということになります。その平坦面の高さ（約一〇メートル）から、ここがおよそ年一・四ミリメートルの速さで隆起していることが理解されます。

2 奄美諸島―北限地域にあるサンゴ礁段丘―

大隅半島や薩摩半島にはサンゴ礁はみられません。現生のサンゴ礁の実質的な北限である種子島、屋久島は、サンゴ礁が斑点状に分布していますが、砂浜や岩石の海岸が主体をなしています、ところが、トカラ海峡を挟んだ南のトカラ列島や奄美諸島の島々になると、裾礁と呼ばれるサンゴ礁が海岸を縁取っています（写真8）。海岸段丘も同様に、トカラ海峡から南の奄美諸島ではサンゴ礁の堆積物（サンゴ石灰岩）からできています（写真9）。このようにサンゴ礁やサンゴ礁段丘が南の方にしかみられないのは、サンゴ礁の形成が水温に支配されているためです。サンゴ礁をつくる造礁性サンゴは冬の水温がおよそ摂氏一八～二〇度以下のところでは作られないため、この境界水温のあるトカラ海峡付近が北限となっているのです。現在のサンゴ礁やサンゴ礁

写真８　サンゴ礁の海岸とサンゴ礁段丘、徳之島

写真９　サンゴ礁段丘を作るサンゴ石灰岩、沖永良部島
一見シラスのようにみえるが、サンゴや貝殻からできている

段丘の分布からわかるように、鹿児島は第四紀という時代において実質的にはサンゴ礁の移行帯となってきた興味深い場所です。この地帯のサンゴ礁段丘は世界でも最北に位置する場所のひとつです。このような移行帯にある薩南諸島は、気候変化・海面変化に伴う環境変化の反応が時空にわたって最も現れやすいことを示唆しています。したがって、鹿児島は海岸段丘のでき方はもとより、様々な古環境の時空の反応を知ることのできる数少ない位置にあるといえましょう。

喜界島―日本で隆起量が一番大きいサンゴ礁段丘―

段丘分布と隆起：この島は全島が隆起サンゴ礁の段丘で作られています（図11、写真10）。いくつかの活断層によって分断されているため、新旧の段丘面の区分と分布は少し複雑ですが、全部で七段以上の段丘面からなり、それぞれの段丘面にA、Bなどの記号や名称がつけられています。最高位の段丘面（A面）は東側にあり、百之台と呼ばれています（写真11）。A面の年代はサンゴの放射年代測定から、一二・五万年前のステージ5e面に対比されています。これより古いサンゴも記録されていますが、この高さより高い位置にはありません。つまり、喜界島は一二・五万年前頃から陸上に現れたということになります。したがって、この島には高位段丘はなく、A面（百之台面、ステージ5e面）を最高段丘面として、これより新しい中位段丘、低位段

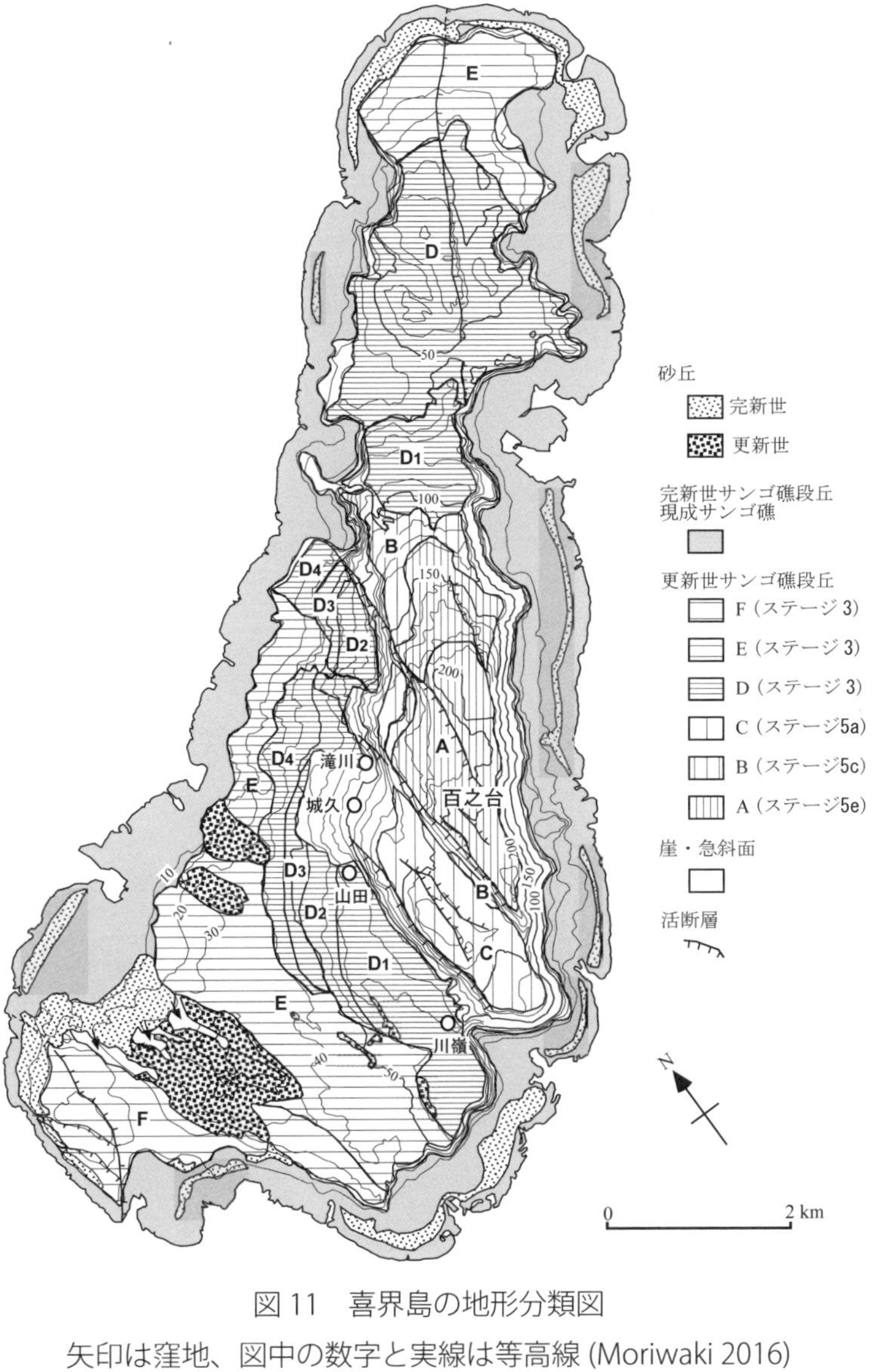

図 11　喜界島の地形分類図

矢印は窪地、図中の数字と実線は等高線 (Moriwaki 2016)

写真 10　喜界島のサンゴ礁段丘

写真 11　喜界島東部の段丘地形

丘が分布しています。地形分類図（図11）からわかるように、A面より下位の中位段丘は西側に広がり、陸地は隆起にしたがって西側に作られていったことがわかります。完新世の低位段丘（ステージ1）は全島を取り囲んでいます。

喜界町の正確な測定によりますと百之台の最高地点の標高は二一一・九六メートルに及びます。ステージ5e面から知られる当時の海面は広く認められ、同様に広く認められる七〇〇〇年前の完新世の海面とともに、地殻変動の仕方を知る上での基準となり、全国的な高度分布調査がなされてきました。薩南諸島については、現在のところ図12

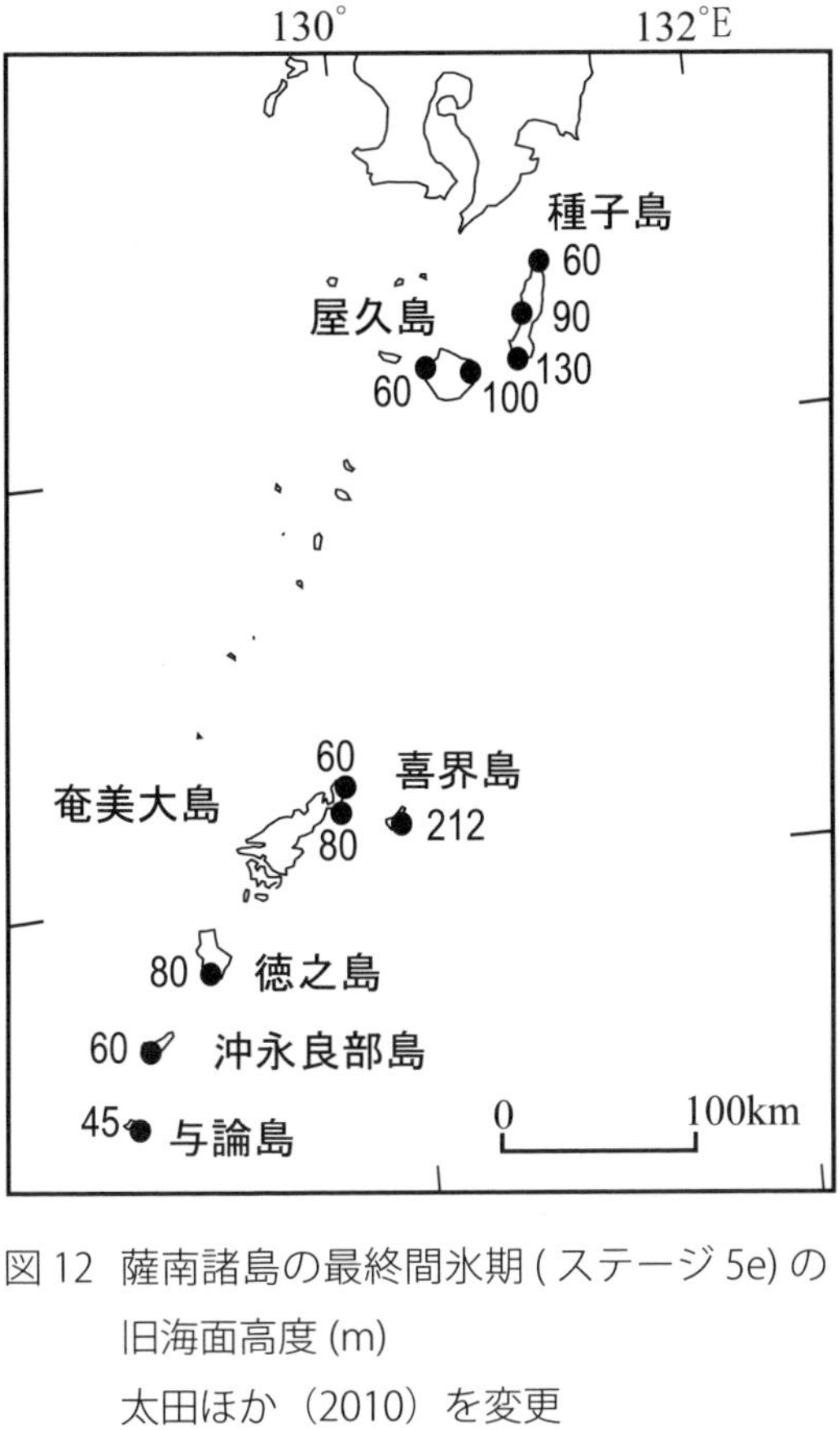

図12　薩南諸島の最終間氷期（ステージ5e）の旧海面高度（m）
太田ほか（2010）を変更

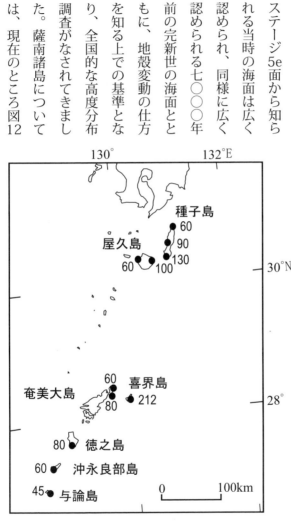

のような資料が得られています。ステージ5e面の高度が喜界島より高いところは日本列島にはありません。この高さと面の形成年代から知られる平均隆起速度は年一・七ミリメートルです（図13）。過去一三万年間をみると、ここが日本では最も隆起量が大きい場所なのです。喜界島の段丘は活断層などにより分断されており、同じ段丘面でも高度が場所によって違いがあり、隆起の様子を知るのは簡単ではないのですが、大局的には下位の段丘面高度もこの隆起速度で隆起してきたといえます。図13には、比較のために前に述べた種子島南部の隆起の速さと段丘面高度を載せておきました。種子島のステージ5e面の最高は一三〇メートルで、平均の隆起速度は年一ミリメートルですから、喜界島がいかに速く隆起してきたかがわかります。

百之台（ステージ5e面）の東側は最大比高二〇〇メートルもある壮大な海食崖となっています（写真11）。ステージ5e面より新しい更新世の段丘は侵食されてなくなり、完新世（ステージ1）の段丘しか残っていないためにこのような絶景が作られました。ここでは、一三万年間の隆起量を体感できる場所なのです。このように隆起量が大きいのは、喜界島が、東沖の海底に走る琉球海溝に最も近い位置にあるからです。琉球海溝はフィリピン海プレートがユーラシアプレートに潜り込むところで、その隆起活動の影響が最も強く出やすいからだと考えられています。

このように隆起速度が大きいと、海面が現在よりかなり低い時の亜間氷期のサンゴ礁も現海面上に出ていることになります。ステージ3の亜間氷期（五万〜三万年前）は、海面高度が五〇メートル以上低く、平均の隆起速度が年一ミリメートルより速くないとその時の海岸のサンゴ礁は現海面上に出ません、喜界島にステージ3のサンゴ礁段丘が現在の陸上にみられるのは、隆起速度がこれ以上だからです（図13）。図11のD、E、Fの面がその時のサンゴ礁の海岸ということになります。このように、ステージ3の海岸が現在の陸上に広く、はっきりと確認されているところは、日本では喜界島だけです。

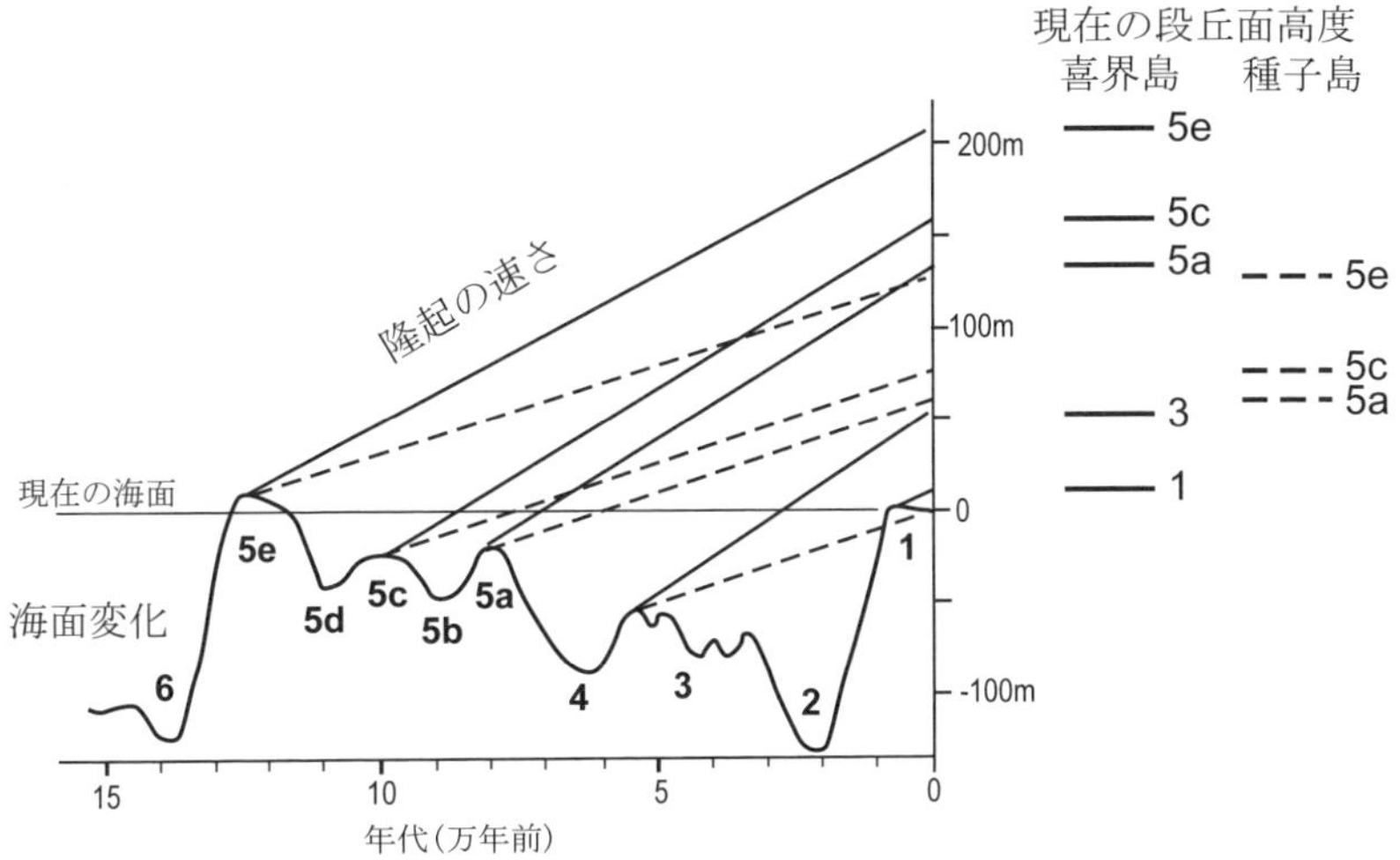

図13　喜界島と種子島の海岸段丘形成と隆起の関係
ステージ5e面の高度から知られる隆起の速さは、喜界島が1.7mm/年、種子島が1mm/年である。海面変化は大田ほか（2010）による。

珍しい砂丘地形：もうひとつ日本で喜界島にしかみられない地形は、南部のステージ3の段丘面上（E、F面）にのるこの時期の海岸に作られた古砂丘です（図11、写真12、13）。この砂丘はサンゴの砂からできています。サンゴは、水と化学反応しやすい炭酸カルシウムでできているため、サンゴからなる砂丘砂は周囲の水や大気と反応して溶けやすい性質をもっています、水に溶けた炭酸カルシウムが、水の蒸発によって再度固結して、砂丘砂が岩石のように固まるので、軟らかい砂丘砂のように簡単には崩れることはありません（写真13）。膠結《こうけつ》砂丘などと呼ばれることがあります。当時の海岸から風によって運ばれ、堆積した細かい砂の層理の方向から、現在の冬の卓越風と同じ向きの風によって作られたことがわかります。

サンゴ礁段丘の地形と人々：サンゴ礁段丘で特徴付けられる奄美諸島には、サンゴ礁段丘のみられない屋久島・種子島以北の段丘地形とは異なった興味深い地形がみられます。薩南諸島の島々のサンゴ礁段丘地帯は、第四紀という新しい時期に作られていることもあり、空洞の多いサンゴでできており、水を通しやすいため、陸上河川がありません。このため、潅漑施設のなかった時代には、集落は一般には水が得やすい低地や低位段丘上に立地しました。ところが、場所によってはそうでないところもあります。喜界島では、中腹にも古くから集落が形成されていました。百之台の南西から南にある滝川や山田、川嶺などの集落がそれです。それらはちょうどサン

写真 12　喜界島南部の砂丘

後方の樹林で覆われている一帯で、中央部から左方がステージ 3 の更新世砂丘、右方がステージ 1 の完新世砂丘。中央の集落は羽里集落、右端が湾集落。

写真 13　喜界島南部の水天宮山周辺でみられる更新世（ステージ 3）の砂丘堆積物

砂の堆積物は細かな層理を持つ

ゴ礁段丘の崖下に列状に配列していることがわかります（図11）。その理由はここに湧水があるからです。サンゴ礁のサンゴ堆積物の下には水を通し難い泥岩があり、サンゴ堆積物を透水した水はこの境界で地下水となって下方にながれ、境界が陸上の崖下に現れているところに地下水が湧き出しています。中腹の集落一帯の背後はこの地層の境界部が地表近くに現れているところです。こうした場所では溶食によって作られた地下トンネル（鍾乳洞）をよくみることができます。サンゴ礁段丘で暮らす人々はこうした地下水トンネルのことを暗川《くらごう》と呼んでいます。溶食に弱いサンゴ礁段丘地帯には、鍾乳洞のような溶食によって作られた独特の地形がみられます。それらは総称してカルスト地形と呼ばれています。

奄美大島と徳之島―古い山地を取り巻く隆起サンゴ礁―

奄美大島：奄美大島は、南西諸島では沖縄島に次いで二番目に大きい島ですが、サンゴ礁段丘の分布は北部の笠利半島とその周辺域に限られます（図14、写真14）。そのほとんどは中位段丘のステージ5e面です。ステージ5e面とみられる段丘面高度は東端の奄美空港付近で最高六〇メートルほどです。約三〇キロメートル東方にある喜界島のそれと比べてかなり低くなっています。奄美大島内でもその高度は西の方向に低くなっており、北方の笠利や西方の赤尾木では三〇メー

図 14　奄美大島北部のサンゴ礁段丘の分布
白線で囲んだ範囲。写真は Google Earth による。

写真 14　奄美大島北部のサンゴ礁段丘（ステージ 5e）と
サンゴ礁海岸 (ステージ 1)

トルとなります。ステージ5e面の高度分布から知られるこのような傾向は、海溝からからの距離に対応していると考えられていますが、まだ十分わかっていません。

中部から南部にかけては、標高四〇〇～六〇〇メートルの主峰からなる山岳地帯が海岸まで広がり、リアス式海岸が作られています。それらの湾奥には広い山岳地帯を流域とする諸河川からの土砂によって沖積低地（ステージ1）が作られ、海岸は泥質の堆積物で作られています。干潟には、住用川河口周辺に顕著にみられるようにマングローブの群落が分布していることも特徴です。沖積低地以外の海岸は、現成（ステージ1）のサンゴ礁（裾礁）が分布しています。サンゴ礁段丘のないリアス式の海岸が広がり、単調な海岸線をもつ他の薩南諸島の島々とは大きな景観の違いを示し

写真15　徳之島の海岸段丘
南岸の犬田布岬

ています。この島の中・南部はあまり隆起していないことを物語っています。

徳之島：奄美大島の南方四〇キロメートルほどの距離にある徳之島も、最高峰の井之川岳（高度六四五メートル）を中心とした山地が中央部から北部に分布しますが、奄美大島と異なり、全体をサンゴ礁段丘に囲まれています（図15、写真15）。ここには、低位・中位段丘に加えて、高位段丘も広く分布しています。

図 15　徳之島のサンゴ礁段丘の分布
白線の斜め線模様の範囲は山地で、これ以外がサンゴ礁段丘からなる

高位段丘のサンゴ礁段丘が広く分布しているのは、この島と沖永良部島です。中位段丘は島をほぼ連続的に取り巻いています。このうちの5e面は最高一〇〇メートルの場所がありますが、一般には高度六〇～七〇メートルの高さに一定しています。

現成（ステージ1）の裾礁が連続的に取り巻き、単調な海岸線となっています。徳之島にはサンゴからなる砂や礫が固結してできた岩石のような海岸もよくみられます。ビーチロックと呼ばれており、サンゴ礁の海岸に特徴的な地形のひとつです（写真16）。

写真16　徳之島の海岸にみられるビーチロック海浜でサンゴなどの砂が固まってできた。後氷期の新しい時期にできた。

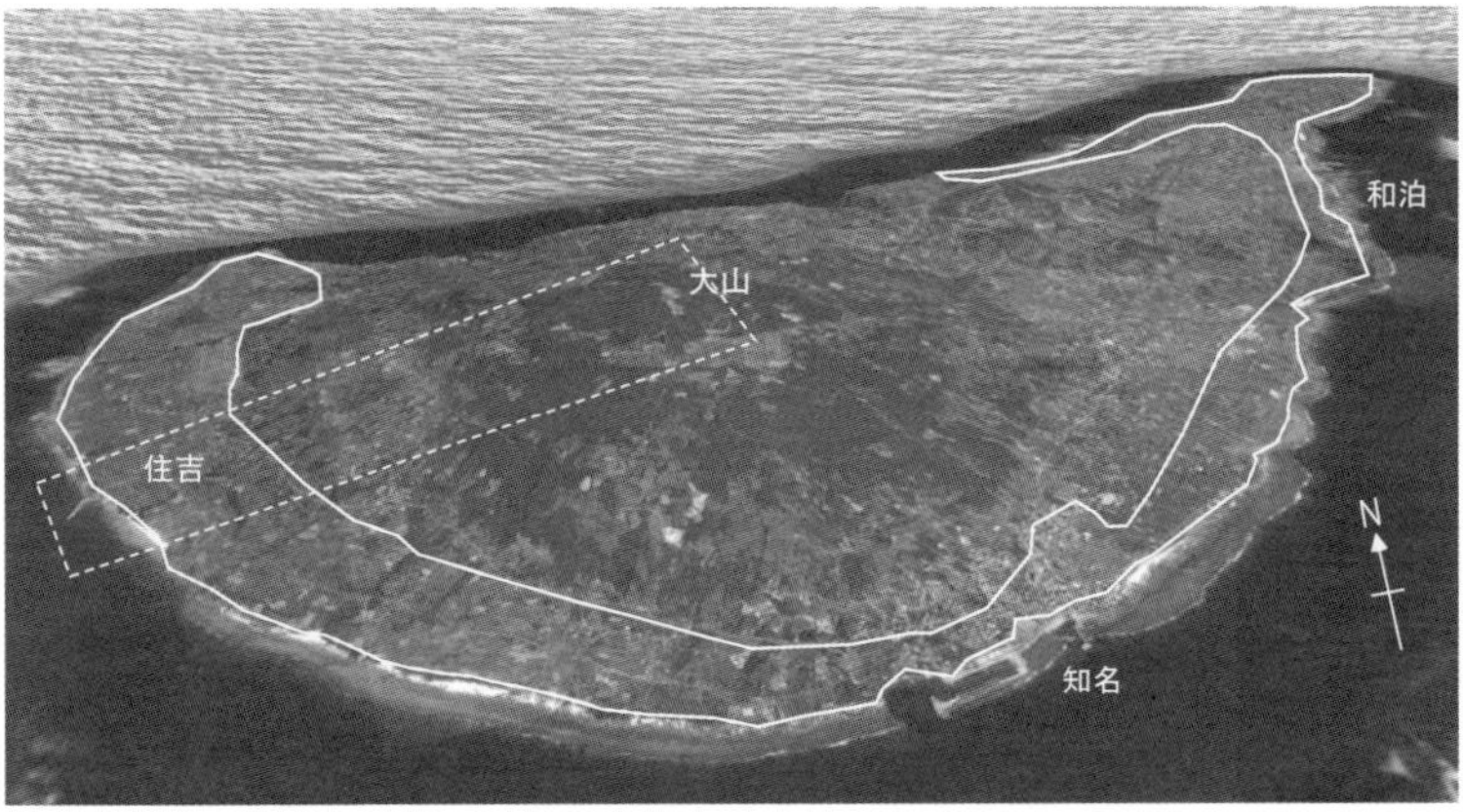

図 16　沖永良部島のサンゴ礁段丘の分布

白線で囲まれた範囲が中位段丘（ステージ 5）、この山側が高位段丘（ステージ 7 かこれより古い）、海岸側が現在 (ステージ 1) の海岸と裾礁. 四角の破線は図 17 の範囲を示す。写真は Google Earth による。

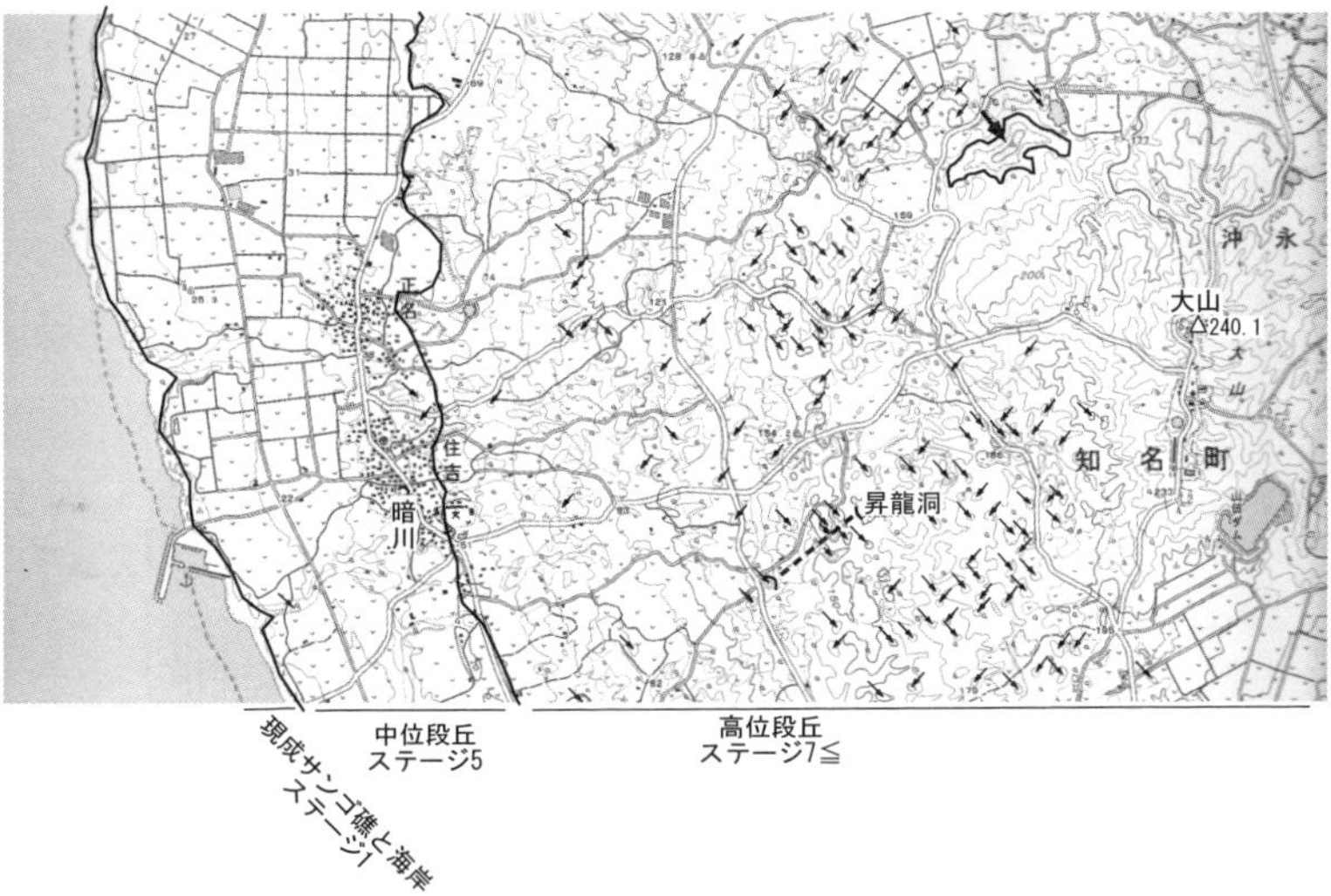

図 17　沖永良部島南部の地形

矢印はドリーネの凹地。基図は国土地理院発行 2.5 万分の 1 地形図。

沖永良部島と与論島
—全島隆起サンゴ礁段丘でできた島—

沖永良部島：沖永良部島の地形はほとんどがサンゴ礁段丘からなっています（図16、17、写真17）。南西部は最高地点の大山（標高二四〇メートル）を中心に環状に段丘面が取り巻いて、椀を伏せたような地形となっています。中央部から北東部にかけては五〇～一〇〇メートルの高さの台状地形となっています。ここには七段以上の段丘面が取り巻いており、そのうちの、約五〇～六〇メートルより高い段丘面は高位段丘からなり、広い範囲を占めています。これを構成するサンゴの放射年代から、この島のサンゴ礁は八〇万年前にまでさかのぼるとされています。基準となるステージ5e面は五〇～六〇メートルの高さで認められ、これを含む中位段丘が連続的に島を縁取っています。それは徳之島とほぼ同じくらいの高さです。

写真 17　沖永良部島のサンゴ礁段丘
左側の後景が最高地点の大山

このように高位段丘の古いサンゴ礁段丘が広がっているので、より溶食が進み、この島には良好なカルスト地形をよく見ることができます。この島は薩南諸島でも最も長い鍾乳洞が見つかっていますが、それはこうした高位段丘形成時代のサンゴ礁が分布していることによります。大山南麓にある昇龍洞もそのひとつです。長さが約六〇〇メートルあり、島の主要な観光資源のひとつとなっています（図17、写真18）。

ドリーネと呼ばれる溶食によってできた凹地も、鍾乳洞とともにカルスト地形を代表する地形ですが、ドリーネもこの島には多数認めることができます（図17）。よく見ると、大山に近い方の高位段丘で密度が高く、海岸側の中位段丘では低いことがわかります。これも、古い高位段丘で溶食がより進行しているためです。沖永良部島も地表河川はきわめて限られますが、よくみると河川で侵食されたような谷地形がみられます。これは特に高位段丘域において顕著です（図17）。

写真18　沖永良部島の鍾乳洞（昇龍洞）
左の写真が入り口、右が内部でみられる鍾乳石

これはドライバレーと呼ばれ、隆起サンゴ礁地域ではよく見られる地形です。

集落は海岸付近にもありますが、内陸側の台地上にもあります。しかし、それは中腹以下です。南部の大山周辺でよくわかるように、各集落は溶食の進んだ比較的急傾斜な高位段丘面や段丘崖から、まだ溶食の進まない平坦な中位段丘面（ステージ5面）に移り変わる場所に立地しています（図17）。こうした場所はやはり、暗川など地下水が地表に湧出しているところです。上位の高位段丘群のサンゴ堆積物から涵養された地下水脈（暗川）が、急斜面となっている崖下の比較的平坦なステージ5の中位段丘ところで陸上に現れ、これを人々は利用していたためと考えられます。現在、伏流水は基本的には潅漑施設を使って利用されていますが、当時はこうした湧

写真19　沖永良部島南部にみられる暗川
左の写真は住吉の暗川で鹿児島県の指定天然記念物、
右は瀬利覚の暗川で知名町の指定文化財となっている

水地点は人々の生活にとってたいへん大切だったことがわかります。当時の生活様式を知ることのできる重要な場所として文化財として保存されています(写真19)。

ステージ1の現生のサンゴ礁も裾礁としてリング状に島を囲んでいます。とりわけ南部の海岸は広い礁原がみられ、そこには古いサンゴ石灰岩が侵食や溶食によってできた美しいサンゴ礁海岸地形やビーチロックなどの海浜地形をみることができます。

与論島：与論島は奄美諸島最南端にあり、面積二〇平方キロメートルほどで、ここで述べる島々の中では最も小さい島です。ここは全島隆起サンゴ礁の台地からなり、最も高いところでも標高一〇〇メートルです。段丘面は四段以上ありますが、東西の断層によって大きく分断されています(図18)。

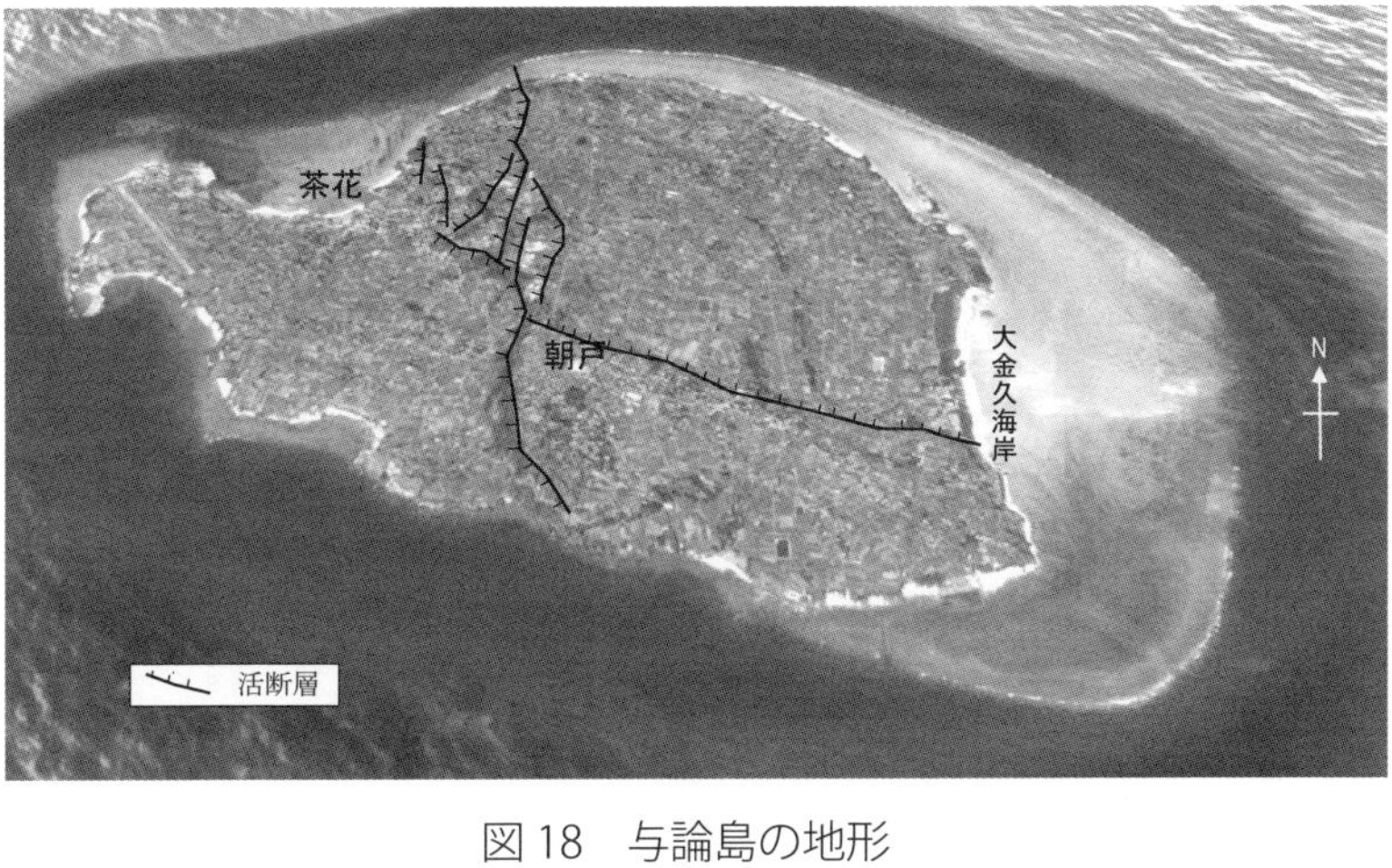

図18　与論島の地形
写真はGoogle Earthによる

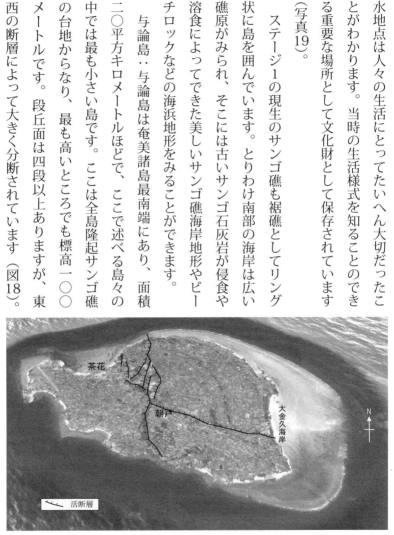

これらの段丘面の詳しい形成年代はわかっていませんが、そのかなりの部分は最終間氷期(ステージ5)以降の後期更新世にできたものと考えられています。

島の東岸から北岸一帯には、現在(ステージ1)の広い裾礁が囲んでいることが特徴です。なかでも東岸の大金久海岸には、最大幅一・八キロメートルに及ぶ裾礁が広がり、奄美諸島でも最も広いサンゴ礁をみることができます。

3　鹿児島市街地周辺の台地—火砕流に埋もれた海岸段丘—

九州南部の鹿児島には、台地が広く広がっていますが、その大部分は、シラス台地や溶岩台地など、火山に由来するものです。この中にあって、海岸段丘がみられるところがあります。鹿児島市市街地周辺の台地です(写真20)。ここには南から紫原台地、田上川低地を挟んで武、甲突川などの谷底低地を挟んで、城山、竜尾の台地、吉野台地が分布しています。一見同じような台地地形にみえますが、これを構成する堆積物をみますと(図19)、紫原、武の台地は全部シラス(火砕流堆積物)からできています。ところが、甲突川を超えて稲荷川方向に海岸低地に沿った台地では、シラスの下には海でたまった泥の堆積物や硬い基盤岩の上に、主に砂・礫からなる薄い海浜堆積物が挟まれていることがわかります。この海浜堆積物の載る平坦面は波食棚からなる侵食

写真 20　鹿児島市街地周辺の台地地形
多様な由来を持つ

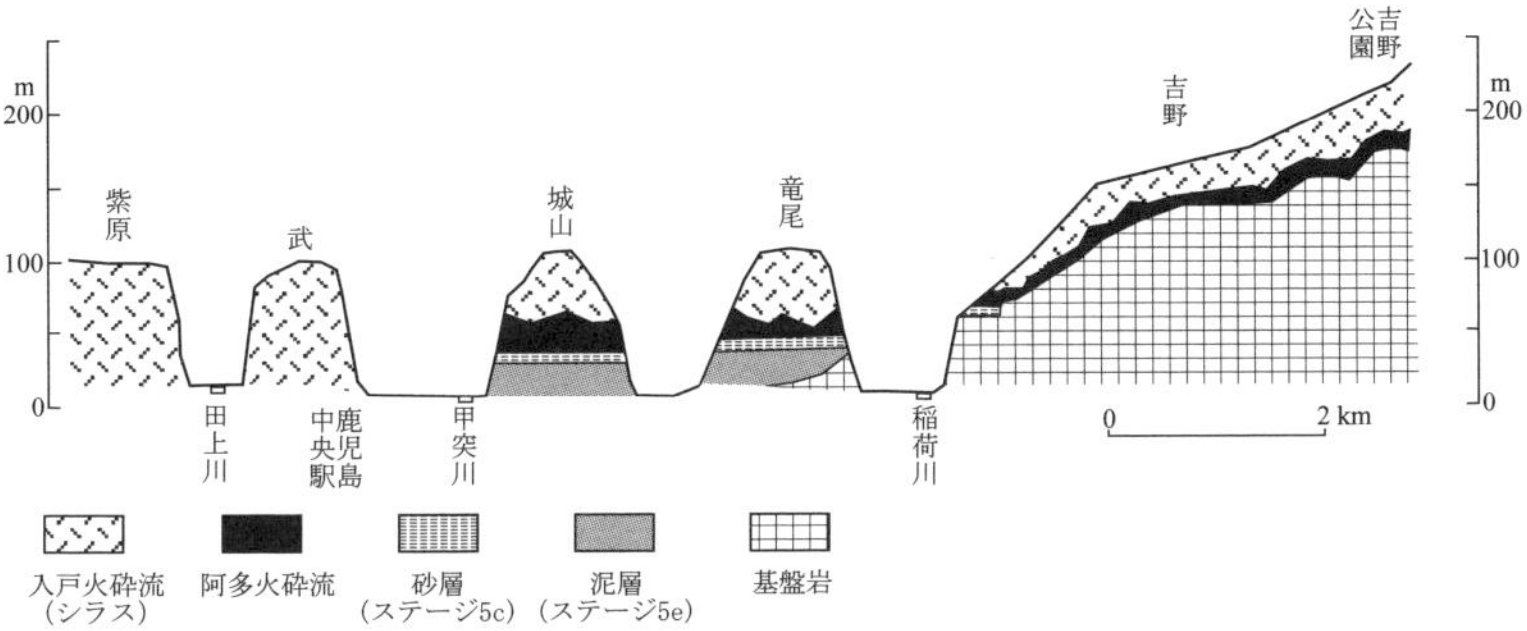

図 19　城山台地とその周辺台地の地形地質断面

段丘なのです。

この侵食平坦面の直上には約一〇万年前の阿多火砕流堆積物が載っていますので、この海岸段丘はステージ5cの高海面期のころにできたことがわかります。城山は標高七〇～一〇〇メートルほどですが、ここには四〇～七〇メートルほどの厚さの火砕流堆積物がのっており、一〇万年前の波食棚の高さは標高三〇メートルの高さにあります。一〇万年前の海面は現在より一五メートルくらい低かったと考えられていますので、一〇万年の間に四〇～五〇メートルほどの隆起がここで起こってきたことがわかります。この侵食平坦面の下の厚い泥の堆積物は城山層とよばれ、ステージ5eの堆積物と考えられています。これらの堆積物の載り具合の状態は、城山公園の遊歩道などでもその一部から知ることができます。

城山台地や琉球人松背後の台地はシラス台地のようにみえますが、実はその平坦面を作っているのはこの薩南諸島でみてきたものと同じ由来を持つ海岸段丘で、シラスなどの厚い火砕流堆積物によってこれが深く埋められた特異な地形といえましょう。鹿児島湾沿岸において、最終間氷期の段丘が認められるところはここだけです。ここは姶良カルデラの周辺にあることから、カルデラの火山活動に関わる隆起によると考えられます。

吉野台地は数十万年前にできた火砕流堆積物が溶結してできた平坦地を起源としています。この台地はシラスより古い時代にできたので、侵食が進み、より起伏に富んでいることがわかります。このように鹿児島市街地周辺では、火砕流に埋もれた海岸段丘をはじめとして、成因、時代、構成物質の違う台地がみられ、多様な由来を持つ台地地形をみることができます。

4　クック諸島、ラロトンガ島—安定地域の海岸段丘—

今までは、プレート境界にある変動帯において海岸段丘をみてきました。それでは、プレート内部にある安定地域では、薩南諸島で海岸段丘が作られている間にどのように海岸の地形はつくられ、現在みられるでしょうか。私が調査した南太平洋クック諸島、ラロトンガ島を例にとってこれをみてみましょう。

ラロトンガ島は南緯二一・二度、西経一五九・八度にあります。周囲三〇キロメートルの大きさで、東西に長い楕円形なしています（図20）。周囲三六キロメートルの喜界島とほぼ同じくらいの島ですが、大きく異なるのは中央に五〇〇〜六〇〇メートルほどの主山陵を中心とした山地が占めるという点です。それはこの島が数千メートルの海底から突出した古い火山を基盤としているからです。山地周囲の海岸沿いには、一キロメートルほどの低い平坦地が取り巻き、ここに人々は住んでいます。平坦地は陸側から低い台地、さらにこの海岸側には湿地・砂州などからなる海岸低地、そして裾礁からなり、これらが規則的に環状に配列しています（図20、21）。

台地は一段で、元は扇状地からなっているため、その面は海岸側に傾き、内陸縁で標高二〇メートルから海岸沿いで二メートルほどになります、台地末端の海岸沿いには最終間氷期（ステージ5e）のサンゴ礁が断片的に露出しています。その高さは最高でも二メートルほどで、海岸では波によって打ち上げられた現在（ステージ1）の礫によって覆われています（写真21）。ステージ5e時期の海面は現在とほぼ同じですので、ほとんど隆起していないことがわかります。

以上述べた隆起・安定地域での海岸の地形の作られ方は模式的には（図22）のように描くことができます。ラロトンガのような隆起が顕著でない

写真21 ラロトンガ北岸でみられる最終間氷期（ステージ5e）のサンゴ礁とこれを覆う後氷期の海浜礫

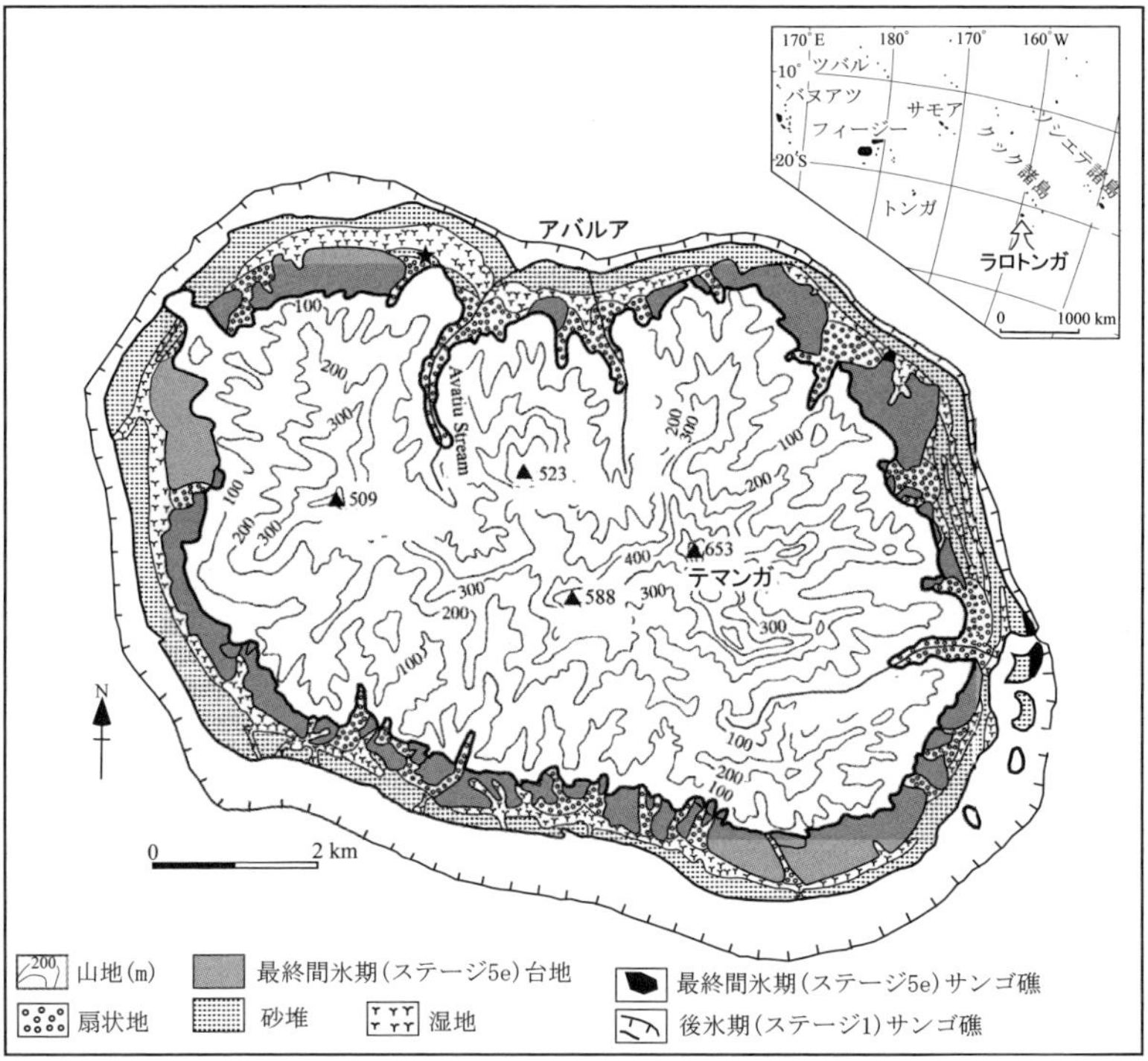

図 20　ラロトンガ島の地形分類

図 21　ラロトンガ島北東岸の地形

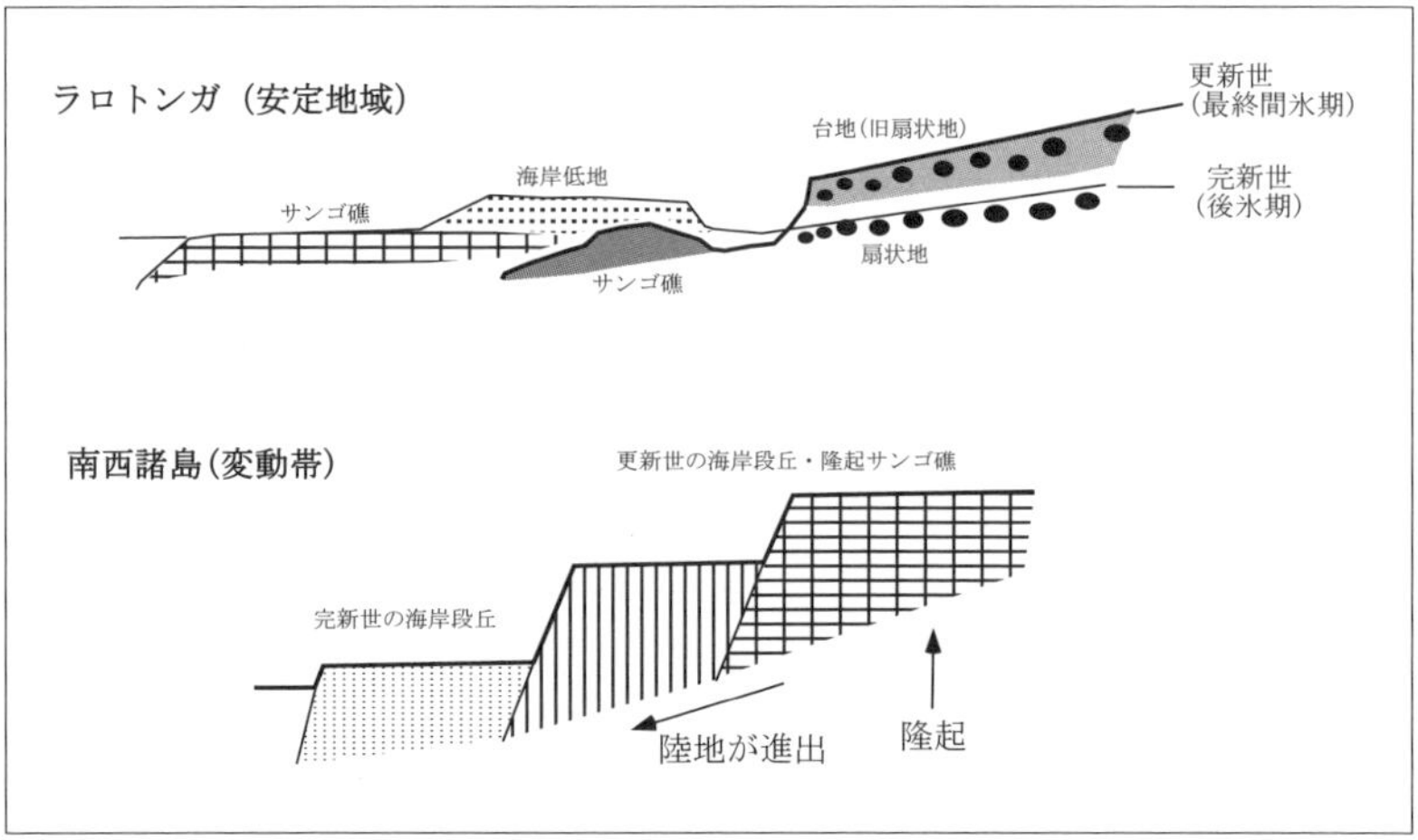

図 22　安定地域と変動帯での海岸の形成過程

地域では、過去の間氷期の海岸地形は、現在（後氷期）の海岸と同じ場所で重なるように繰り返し形成されたため、古い地形は侵食されてしまい、最も新しい最終間氷期の地形しか残っていないことになります。一方、薩南諸島のような隆起地域では隆起によって過去の海岸が陸地側に残り、その後の海岸地形は沖方向に付加するように作られることになります。こうした点から隆起地域は古い海岸地形がよく残存し、過去の海面変化や環境変化を知る上で貴重な資料を与えてくれています。

Ⅷ　おわりに

薩南諸島に広くみられる海岸段丘は、鹿児島を代表する風景です。鹿児島には隆起サンゴ礁段丘の北限があり、サンゴ礁段丘と非サンゴ礁段丘の移行帯にあるという地球上でも特異な位置にあります。海岸段丘やこれと関わる環境や人々の生活様式の地域的変化を知る上で貴重な位置にあるといえましょう。

こうした海岸段丘、サンゴ礁段丘の風景は、基本的には第四紀の氷河時代の気候変化・海面変化というグローバルな環境変化と、地球内部の力に由来する地殻変動に支配されてできてきました。現在もその形成途上にあります。ここでは、鹿児島の薩南諸島に普通にみられ、私たちが日頃接している各地の海岸段丘地形がどのような由来を持ち、そうした環境・条件とどのように関わってできているかについて、解説してみました。

これまでみてきましたように、各地の海岸段丘の由来と特徴はかなりわかってきています。しかし、細部にわたる段丘面の区分や編年、また古い高位段丘の形成時期など、まだわかっていないこともたくさんあります。鹿児島は火山灰層に恵まれていますので、これらを知るのに好都合な資料がそろっています。さらにそうした段丘地形と人々の生活との関係も、その一端を紹介しましたように興味ある問題です。

現在私たちは最新の間氷期にいます。この温暖な、高海面の時期は八〇〇〇年ほど続いています。この時期に現在みられる低地やサンゴ礁などの平坦地が作られて、そこには多くの人々が住んでいます。過去の間氷期の例からいうと、この間氷期のピークもいつかは上下変動を繰り返しながら氷期の方向に確実に向かうでしょう。この小論が鹿児島の地形の理解に少しでも貢献すれば幸いです。

この小論は二〇一一年の鹿児島大学国際島嶼教育研究センター主催の公開講座で発表した資料を基にしています。発表の機会を与えていただきました同センターに感謝いたします。

Ⅸ　参考文献

地形、台地、段丘の理解に関するもの

貝塚爽平『東京の自然史』講談社学術文庫、二〇一四。

貝塚爽平『海岸と平野を読む—自然景観の読み方5』岩波書店、一九九二。

貝塚爽平『発達史地形学』東京大学出版会、一九九八。

町田　洋・新井房夫・森脇　広『地層の知識—第四紀をさぐる』東京美術、二〇〇〇。

太田陽子・小池一之・鎮西清隆・野上道男・町田　洋・松田時彦『日本列島の地形学』東京大学出版会、二〇一〇。

Hughes, P. D., Philip L. Gibbard, P. L., Jürgen Ehlers, J. Timing of glaciation during the last glacial cycle: evaluating the concept of a global, Last Glacial Maximum, (LGM). Earth-Science Reviews 125, 171-198, 2013.

九州・南西諸島、ラロトンガの地形に関するもの

河名俊男『琉球列島の地形』シリーズ沖縄の自然③、新星図書出版、一九八八。

木崎甲子郎編『琉球弧の地質誌』沖縄タイムス、一九八五。

小池一之・町田　洋（編）『日本の海成段丘アトラス』東京大学出版会、二〇〇一。

町田　洋、「薩南諸島の地形―海岸段丘を中心として」平山輝男編『薩南諸島の総合的研究』明治書院、一九六九。

町田　洋・新井房夫『火山灰アトラス―日本列島とその周辺』東京大学出版会、二〇〇三。

町田　洋・太田陽子・河名俊男・森脇　広・長岡信治『日本の地形7―九州・南西諸島―』東京大学出版会、二〇〇一。

森脇　広「南九州における縄文海進最盛期頃の火山噴火と海岸変化」月刊地球、二四、七五三―七五七、二〇〇二。

森脇　広「鬼界アカホヤ火山灰に基づく完新世海成段丘の編年―種子島と屋久島の事例から―」鹿児島大学多島圏研究センター南太平洋海域調査研究報告、四六、五八―六四、二〇〇六。

Moriwaki, H. Landforms of Kikai-jima island, the Ryukyu Islands with special reference to sand dunes. In: The Amami Islands (Eds. Kawai, K., Terada, R. and Kuwahata, S.) 90-93, Kagoshima University Research Center for the Pacific islands, 2016.

Moriwaki, H., Nagasako, T., Okuno, M., Kawai, K., McCormack, G., Cowan, G. and Maoate, P.T.

Geomorphic developments of the coastal landforms on Rarotonga, Cook Islands,South Pacific Ocean. In: Ron Crocombe: E Toa! (Eds. Crowl, L., Crocombe, M. T. and Dixon, R.) 60-74, USP Press, Suva, 2013.

Moriwaki, H., Westgate, J. A., Sandhu, A. S., Preece, S. J. and Arai, F. New glass fission-track ages of Middle Pleistocene tephras on Yakushima Island, southern Japan. Quaternary International, 178, 128-137, 2008.

中田　高「種子島・屋久島の段丘変位からみた琉球弧北部の第四紀後半の地殻変動」西村部助先生退官記念地理学論文集、古今書院、一九八〇。

大木公彦・早坂祥三「鹿児島市北部地域における第四系の層序」鹿児島大学理学部紀要（地学・生物学）、三、六七―九二、一九七〇。

サンゴ礁研究グループ編『熱い自然―サンゴ礁の環境誌』古今書院、一九九〇。

Hughes, P. D., Philip, L. Gibbard, P. L. and Jürgen Ehlers, J. Timing of glaciation during the last glacial cycle: evaluating the concept of a global, Last Glacial Maximum, (LGM). Earth-Science Reviews, 125, 171-198, 2013.

野田伸一　著

No. 1　**鹿児島の離島のおじゃま虫**

ISBN978-4-89290-030-3　56 頁　定価 700+ 税　(2015.03)

長嶋俊介　著

No. 2　**九州広域列島論**～ネシアの主人公とタイムカプセルの輝き～

ISBN978-4-89290-031-0　88 頁　定価 900+ 税　(2015.03)

小林哲夫　著

No. 3　**鹿児島の離島の火山**

ISBN978-4-89290-035-8　66 頁　定価 700+ 税　(2016.03)

鈴木英治ほか　編

No. 4　**生物多様性と保全**―奄美群島を例に―（上）

ISBN978-4-89290-037-2　74 頁　定価 800+ 税　(2016.03)

鈴木英治ほか　編

No. 5　**生物多様性と保全**―奄美群島を例に―（下）

ISBN978-4-89290-038-9　76 頁　定価 800+ 税　(2016.03)

佐藤宏之　著

No. 6　**自然災害と共に生きる**―近世種子島の気候変動と地域社会

ISBN978-4-89290-042-6　92 頁　定価 900+ 税　(2017.03)

森脇　広　著

No. 7　**鹿児島の地形を読む**―島々の海岸段丘

ISBN978-4-89290-043-3　70 頁　定価 800+ 税　(2017.03)

渡辺芳郎　著

No. 8　**近世トカラの物資流通**―陶磁器考古学からのアプローチ―

ISBN978-4-89290-045-7　82 頁　定価 800+ 税　(2018.03)

冨永茂人　著

No. 9　**鹿児島の果樹園芸**―南北六〇〇キロメートルの多様な気象条件下で―

ISBN978-4-89290-046-4　74 頁　定価 700+ 税　(2018.03)

山本宗立　著

No. 10　**唐辛子に旅して**

ISBN978-4-89290-048-8　48 頁　定価 700+ 税　(2019.03)

冨山清升　著

No. 11　**国外外来種の動物としてのアフリカマイマイ**

ISBN978-4-89290-049-5　94 頁　定価 900+ 税　(2019.03)

鈴木廣志　著

No. 12　**エビ・ヤドカリ・カニから鹿児島を見る**

ISBN978-4-89290-051-8　90 頁　定価 900+ 税　(2020.03)

梁川英俊　著

No. 13　**奄美島唄入門**

ISBN978-4-89290-052-5　88 頁　定価 900+ 税　(2020.03)

桑原季雄　著

No. 14　**奄美の文化人類学**

ISBN978-4-89290-056-3　80 頁　定価 800+ 税　(2021.03)

山本宗立・高宮広土　編

No. 15　**魅惑の島々、奄美群島**―歴史・文化編―

ISBN978-4-89290-057-0　60 頁　定価 700+ 税　(2021.03)

山本宗立・高宮広土　編

No. 16　**魅惑の島々、奄美群島**―農業・水産業編―

ISBN978-4-89290-058-7　68 頁　定価 700+ 税　(2021.03)

山本宗立・高宮広土　編

No. 17　**魅惑の島々、奄美群島**―社会経済・教育編―

ISBN978-4-89290-061-7　76 頁　定価 800+ 税　(2021.10)

山本宗立・高宮広土　編

No. 18　**魅惑の島々、奄美群島**―自然編―

ISBN978-4-89290-062-4　98 頁　定価 900+ 税　(2021.10)

津田勝男　著

No. 19　**島ミカンを救え**―喜界島ゴマダラカミキリ撲滅大作戦―

ISBN978-4-89290-064-8　52 頁　定価 700+ 税　(2022.03)

佐藤正典　著

No. 20　**琉球列島の河川に生息するゴカイ類**

ISBN978-4-89290-065-5　86 頁　定価 900+ 税　(2022.03)

礼満ハフィーズ　著

No. 21　**鹿児島県薩摩川内甑列島の自然と地質学的魅力**

ISBN978-4-89290-066-2　46 頁　定価 700+ 税　(2023.03)

鳥居　享司　著

No. 22　**奄美群島の水産業の現状と未来**

ISBN978-4-89290-067-9　82 頁　定価 900+ 税　(2023.03)

森脇　広（もりわき　ひろし）

［著者略歴］

1950 年生まれ。
1979 年東京都立大学理学研究科博士課程地理学専攻単位取得中退後、
1987 年から鹿児島大学法文学部人文学科にて、自然地理学を軸として教育・研究を担当。
鹿児島大学名誉教授・理学博士。

［主要著書］

『日本の地形 7－州・南西諸島－』東京大学出版会、2001 年（共編著）
『姶良市の地形』姶良市誌編集委員会（編）「姶良市誌 別巻 1」2016 年

鹿児島大学島嶼研ブックレット　No.7

鹿児島の地形を読む－島々の海岸段丘－

2017 年 3 月 31 日　第 1 版第 1 刷発行
2023 年 6 月 30 日　〃　第 2 刷発行

著　者　森脇　広
発行者　鹿児島大学国際島嶼教育研究センター
発行所　北斗書房
〒132-0024　東京都江戸川区一之江 8 の 3 の 2（MM ビル）
電話 03-3674-5241　FAX03-3674-5244
URL　Http//www.gyokyo.co.jp

定価は表紙に表示してあります

ISBN978-4-89290-043-3 C0044